豆類飲食寶典

全方位植物性蛋白質料理終極指南

Cool Beans: The Ultimate Guide to Cooking with the World's Most Versatile Plant-Based Protein, with 125 Recipes

喬・尤南（JOE YONAN）著

常常生活文創

FOR CARL · 獻給卡爾

豆類飲食寶典

全方位植物性蛋白質料理終極指南

***Cool Beans:** The Ultimate Guide to Cooking with the World's Most Versatile Plant-Based Protein, with 125 Recipes*

作　　者／喬・尤南（JOE YONAN）
譯　　者／賴孟宗
責任編輯／趙芷渟
封面設計／林家琪
內頁排版／張靜怡

發 行 人／許彩雪
總 編 輯／林志恆
行銷企畫／李惠瑜
出 版 者／常常生活文創股份有限公司
地　　址／台北市 106 大安區信義路二段 130 號

讀者服務專線／ (02) 2325-2332
讀者服務傳真／ (02) 2325-2252
讀者服務信箱／ goodfood@taster.com.tw
讀者服務專頁／ http://www.goodfoodlife.com.tw/

法律顧問／浩宇法律事務所
總 經 銷／大和圖書有限公司
電　　話／ (02) 8990-2588（代表號）
傳　　真／ (02) 2290-1628

製版印刷／龍岡數位文化股份有限公司
初版一刷／ 2020 年 12 月
定　　價／新台幣 599 元
ＩＳＢＮ／ 978-986-99071-3-2

FB｜常常好食

網站｜食醫行市集

國家圖書館出版品預行編目 (CIP) 資料

豆類飲食寶典：全方位植物性蛋白質料理終極指南／喬・尤南（Joe Yonan）著；賴孟宗譯 . -- 初版 . -- 臺北市：常常生活文創股份有限公司，2020.12
面；　公分 .
譯自：Cool beans: the ultimate guide to cooking with the world's most versatile plant-based protein, with 125 Recipes.
ISBN 978-986-99071-3-2（平裝）

1. 豆菽類　2. 食譜

427.33　　109018713

目錄

食譜總表

4 漢堡、三明治、捲餅、墨西哥夾餅、披薩

5 法式砂鍋菜、義大利麵、米食、讓人心滿意足的主菜

6 飲品與甜點

7 調味品與其他儲藏性食譜

Colman's
BPA FREE Lining
Marconi
BRAND
LUPINI BEANS
AN ITALIAN SNACK FOOD
MAIAORGANIC
embodies the concept of growth
organic
BORLOTTI
USDA ORGANIC
Net Wt. 10.6oz (300g)
DI SPAGNA
ITALIA

前言

「我們就是為了豆子來到這裡。」

我跟先生卡爾（Carl）到墨西哥度蜜月，在當地的小酒館裡和服務生這麼說。

我們考慮了一些景點，但基於以下原因，墨西哥市仍是首選：我們找到從華盛頓特區出發的便宜直飛班機；必須是卡爾沒去過並且我很想帶他去的地方，看看他錯過了哪些美好的事物；最重要的是，錯過的美食。

對我來說，墨西哥市吸引力更大的地方在於其不僅是美國南方活力與魅力兼具的鄰國首都，更坐擁由玉米、辣椒和豆類三大天王所統治的美食文化。身為一名長期素食主義者，我將豆類視為全世界最重要的植物性蛋白質來源。加上在德州西部長大，沈浸於墨西哥與美國融合的文化當中，因此我深信墨西哥是發掘豆類必去的地方。

我認識的墨西哥大廚各個對於豆類都充滿詩意：「幾匙墨西哥醉豆（frijoles borrachos）依偎著現烙的墨西哥玉米餅；慢煮黑豆與鮮乾辣椒併用，加入氣味刺激的土荊芥構成了什錦燉菜；將煙燻親吻過的豆泥抹在玉米船塔（masa boat）之上，以萊姆相佐的翠綠蔬菜點綴。」這是帶給我回到家鄉感覺的眾多原因之一。

這次，我知道除了即將造訪的霍奇米爾科（Xochimilco）水上花園、芙烈達．卡蘿（Frida Kahlo）和迪亞哥．里維拉（Diego Rivera）的家鄉與博物館、街頭美食、畫廊和市場，我將身兼品嚐與網羅豆類菜餚的任務。我在做功課的時候，找到一位傳遞豆類福音的大廚——Maximo 餐廳的老闆愛德華多．拉洛．加西亞（Eduardo “Lalo” García）。之前就聽說他背景大有來頭，並且極具熱情，在餐廳的主廚菜單上供應一道無與倫比的豆湯。

我們到達 Maximo 餐廳時距離訂位時間還有一個小時，目的是為了跟加西亞主廚討論豆類，不意外地，這也是他非常喜歡的話題之一。除了豆類的歷史、墨西哥料理和北美自由貿易協議（NAFTA）對於墨西哥文化的影響之外，他向我們介紹了自己「非常非常老派」的湯品，原料取自於伊達爾戈州（Hidalgo）的豆類。由於這種豆類生長的時候看起來像花生，因此被稱為花生豆（cacahuate），但是……這道湯品已經賣光了。

賣光了？不好意思，什麼？我們大老遠來到世界上豆類的首都，想要見識豆類大師的手藝，卻只得到一句……沒有豆子可以吃。加西亞解釋道，一位洛杉磯的年輕廚師日前來訪，他將剩餘的庫存都給那位廚師帶回家了。我不禁懷疑：「是不是 Squirl 餐廳的潔西卡・科斯洛（Jessica Koslow）？」加西亞點點頭大笑，當然我會知道所有其他對豆類狂熱的美國人。當他看到我的臉垮下來，意識到我深沉的失望後，轉而嚴肅了起來，開始滑手機，我猜想是查看電子郵件、簡訊或行事曆提醒。好消息是：他安排其他豆子於當週週末再次進貨。這並未在計劃之中，但只要我們屆時仍在當地，並再度回訪，他將為我們製作做湯品。

當然，一定會，我們也做到了。幾天後，我們回到餐廳吃午餐，現場只有我們單獨品嚐豆湯，而不是點多道式的主廚菜單，我期待到坐立難安。究竟這些豆子吃起來會有多美味呢？

服務生為我們端來兩大碗湯：金黃色澤的豆子口感超級滑順，較斑豆（pintos）豐腴，搭配層次極為豐富渾厚的湯汁，豆味十足，簡直讓我神魂顛倒。它看起來如此單純，就是豆子、高湯、公雞嘴醬（pico de gallo），風味卻多元到令人難以置信。

我的先生當時仍努力從水土不服中恢復，這碗豆湯在我眼前使他重新恢復活力。我們大啖藍玉米脆餅，我更是點了 Minerva 啤酒伴隨湯品享用。食畢，我們帶著活力心滿意足的離開。

這就是一碗平凡無奇豆子的力量。

豆子是一種歷史悠久的食物，甚至可以說是古老。有遠見的廚師多年前便開始討論古代穀物，我的朋友瑪麗亞・斯佩克（Maria Speck）透過其著作《古代穀物與現代菜餚》（*Ancient Grains for Modern Meals*）推助傳播這個想法，然而有些豆類的古老程度就和穀物一樣。根據肯・阿爾芭拉（Ken Albala）於 2007 年出版的鉅作《豆子的歷史》（*Beans: A History*）指出，

一萬年前開始馴化的植物中，包含單粒小麥、二粒小麥、大麥和扁豆。

扁豆是如此古老，以至於若有人用鏡片描述扁豆的形狀，這麼說時間順序就反了。世界上第一副鏡片（lenses）的命名，正是因為其形狀類似扁豆（lentils），可見豆類真是古老。事實上，有證據顯示在豆類馴化的幾千年前，約西元前 11,000 年，希臘已有人在烹煮野生扁豆。

畢達哥拉斯談論過蠶豆；希波克拉底說過羽扇豆；還有一位特別有名的演說家甚至與鷹嘴豆有很深的淵源：他的家族以鷹嘴豆屬的名稱（Cicer）將其命名為西塞羅（Cicero）。古代印度儀式和早期斯里蘭卡文學中皆有記載綠豆；在新大陸位於祕魯的安地斯山脈洞穴中曾發現西元前 6000 年豆類的殘骸；黑豆出現在古馬雅典籍中；黃豆相對年輕，卻也迎頭趕上，如同阿爾芭拉（Albala）寫道：「黃豆為地球上最廣泛種植的豆類、食物產業的寵兒，與基因改造幅度最大的植物之一」。

那麼為什麼豆類會有，嗯，某種過時的名聲，特別是在西方國家？

我認為有幾個原因：首先，談到豆類難免會聯想到嬉皮文化──吸大麻的反主流人士攪拌著三色辣豆醬的記憶。但更重要的原因，似乎全世界都將豆類和貧窮聯想在一起。（唯獨印度，由於素食的盛行，使得豆類深受最高種姓的青睞。）而美國，這個由雄心壯志建立起的年輕國家，基於對靈感的渴求，始終都較偏重菁英階層的料理，而非具有本領的低下階級。

所幸這個情形正在改變，隨著移民持續影響美式料理和人們對本土歷史的重視，我們開始瞭解豆類的烹飪根源有多深。

墨西哥、印度、奈及利亞、以色列、中國、義大利、日本、西班牙、美國、摩洛哥和祕魯，很難想像有哪個國家的料理不包含豆類。

加西亞在瓜納華托（Guanajuato）的農場長大，他說：「我們家隨時都有一個大陶壺，裡面裝著豆子。」的確，令人難以置信的墨西哥美食，或如同墨西哥料理權威戴安娜．肯尼迪（Diana Kennedy）所強調的「美食們」，都歸功於豆類、玉米和辣椒三巨頭的貢獻。

然・諾斯巴赫（Ran Nussbacher）是 Shouk 餐廳的共同創辦人之一，提供中東素食快餐，在華盛頓特區有兩家店。店內有炸鷹嘴豆餅、出色的素食漢堡、鷹嘴豆粉做成的「歐姆蛋」和其他更多選擇，他說：「我們是豆類重磅出擊」。

在特拉維夫（Tel Aviv），諾斯巴赫長大的地方，炸鷹嘴豆餅和鷹嘴豆泥通常是當地每天數一數二，甚至是唯一的選項。過去他在軍隊時，燉鷹嘴豆搭配米飯就是伙食；和朋友喝酒時，酒吧總是提供一小碗鷹嘴豆佐少許豆水，以大量的鹽和胡椒調味，有時加入一點孜然，可以當作下酒菜用手抓來吃。

歐若・梭蔻（Ozoz Sokoh）在位於拉哥斯（Lagos）的家中經營名為〈廚房裡的蝴蝶〉（Kitchen Butterfly）的部落格，寫道「豆類是奈及利亞飲食文化的核心」。拉哥斯的街道上到處是販賣炸眉豆餅（akara）的婦女。「若你做個調查，會發現幾乎所有人在星期六早上都會吃炸眉豆餅。」另外還有香料燉眉豆（ewa riro，頁 93）、類似墨西哥粽（tamal）的眉豆蒸布丁（moinmoin）、黑辣椒醬慢煮豆（ewa aganyin）搭配軟麵包，和其他更多菜餚。

印度是另一個深愛豆類的國家。扁豆、鷹嘴豆、豌豆仁和綠豆不只用於製作好吃的豆湯和南印度多薩（dosa，頁 135），還包含豆粥（khichdi，頁 179）等豆米菜餚。在印度長大，經營 DC Dosa 餐廳的普莉亞・阿姆（Priya Ammu）說：「你沒辦法跟一大票的印度廚師爭辯。我從小就愛吃豆粥，每到週日我們一定會搭配小黃瓜薄荷醬和烤印度薄餅。」

為什麼豆類無所不在？

如同阿爾芭拉於書中寫道：「儘管農業大國都有自己的澱粉主食……但豆類大概是唯一不可或缺的共同食物。」

世界多數地方都曾依靠豆類度過貧困，因為豆類是（目前為止）最實惠的蛋白質來源。當今大家對植物飲食越來越有興趣，即使有些人想吃什麼都能吃到，豆類的吸引力依舊不減。

獨特的豆類是美國農業部（USDA）唯一同時歸類為蛋白質和蔬菜的食物。不僅如此，根據 2016 年在《食品與營養研究》（Food & Nutrition Research）發表的研究顯示，植物性蛋白質飲食，帶來的滿足感高於動物性蛋白質。

豆類之於健康的優點非常多，包括富含營養素、抵抗癌症的抗氧化物與益於心臟的纖維。研究也顯示，豆類能夠改善腸胃道健康，穩定血糖，或許還能降低膽固醇。

若以一句話總結豆類之於健康的好處，便是：吃豆益壽。

這個想法不僅聽起來有趣，還替過去幾十年間，最活躍的長壽研究奠下基礎。我指的是由丹．布特納（Dan Buettner）和研究團隊負責的「藍區計畫」── 找出並探討全球五個壽命顯著較長的人類族群其生活習慣。他們有許多共通的習慣，像是天天運動、社交連結緊密、重視家庭、適量飲酒等。但當我第一次閱讀計畫內容時，馬上發現這些族群的飲食基礎都是豆類，約每人每天攝取一杯的量。布特納於廣播節目「輝煌的餐桌」（The Splendid Table）被問及：如何以一句話描述藍區計劃建議的飲食？他的回覆是「吃多豆類」。

好在多吃豆類不會變成必要卻乏味的事情，絕對不會。全世界有數百種豆類，要找到非常美味的不困難，而且豆類能變的花樣也多。

喜歡豆類的人已經見識其魔力。由乾燥開始，加入其他食材，便能煮出與雞高湯媲美的濃郁風味；也適合先預先準備冷凍，用於日後快速烹調的料理。

豆類罐頭也很好吃，大概是除了番茄罐頭之外最好吃的植物性罐頭食材。能加入各種菜餚，做出各式餐點，如沾醬、小食、沙拉、湯品到主菜、配菜，甚至是甜點。老實說，任何肉類能做的，豆類能做得更好 ── 甚至開始搶攻蛋的市場。

打開我的冰箱，你會看到一兩個梅森罐（Mason jar），將鷹嘴豆、黑龜豆、蔓越莓豆／博羅特豆（borlotti，Lalo 餐廳用的花生豆別名）泡在水中，散發金黃色光芒，等著我隨意使用。

冷凍庫裡可能有密封袋裝著煮熟（或現採）的鱒魚豆、眉豆，和我做的各式燉豆、豆湯和豆泥。瓦斯爐上可能是一鍋正在煨煮的原生腰豆、紅腰豆或綠扁豆 ── 流理台上可能有一批名副其實的乾燥大白豆正泡水待煮。

我的食物櫃有一堆罐子，裝滿形形色色的乾燥豆類或扁豆，應有盡有。我也必定會準備不同的豆類罐頭，在沒有自煮豆的時候後派上用場。豆類也出現在我為數不多的常備點心中，特別是香料烤鷹嘴豆和醃羽扇豆，都是我用於解饞的零食。

我從小就喜歡豆類，每當和朋友聽到豆類的兒歌，就會笑出來。大學時期，我過著半工半讀極度貧窮的日子，只能吃罐裝/袋裝黑斑豆與腰豆（搭配泡麵）。過了幾十年吃得起肉的日子後，我開始以素食為主，並在八年前正式成為一名素食者。我一直在追求烹調豆類的嶄新方法，不停尋找或研發豆類食品以增加豆類攝取量。

約在十年前，當我第一次在加州納帕的 Rancho Gordo 豆類經銷商——由史帝夫．桑多（Steve Sando）創辦，接觸到原生豆，我的豆類之旅便改變了方向。

我們在《華盛頓郵報》宣揚豆類，並成為全美第一份做這件事的出版品，食品產業也慢慢注意到我們，知名大廚湯瑪斯．凱勒（Thomas Keller）將桑多的豆子放入米其林三星餐廳——French Laundry 的菜單。我開始購買桑多的豆子，還記得起初的幾鍋豆子讓我醍醐灌頂：由我熟悉的品種便說明了一切。烹調時間快速、受熱均勻，想當然因為比較新鮮，風味層次更是前所未有。還有一些初次嘗試的品種，和許多桑多的客戶一樣，有一種原生菜豆（Rio Zape bean）帶有巧克力和咖啡風味，讓我一試便成終生主顧。

若不是 Rancho Gordo，我還真不會過渡到以植物為主的飲食；或是就算改變了飲食，也不會如此有趣。使我改變飲食習慣的原因有很多——健康、環保、對動物的同理心，但 Rancho Gordo 的豆子則證明，植物飲食無庸置疑也能呈現迷人的風味和口感。

如同桑多所言，自行烹調豆子的這些年所帶來的改變，就是反璞歸真。他說：「雖然我葷素皆吃，但是素食豆類才是正道。只要用對優質食材，烹調素食超簡單，有洋蔥、大蒜、橄欖油就好。有時大家會說：還要加豬腳，對不對？但若有好的豆子，就算加入雞湯也是浪費。」

桑多並非首位想把原生豆類帶入主流市場的人，愛達荷的 Zürsun、新英格蘭的 Baer's Best、明尼蘇達的 Timeless Natural Food 等商店也持續推廣著。但是很少人跟桑多一樣，將豆類視為福音一般推廣，他的公司已成為全國最大的原生豆類零售商，

每年銷售量超過五十萬磅。過程中，他拯救了古老的品種，找到農夫替他栽種——包含墨西哥的契作小農。

看到桑多的公司持續茁壯，我真的很開心。他創辦的豆類俱樂部——會員每季都會收到新聞並搶先品嚐稀有品種，五千個名額已售罄，還有一千五百人在等待。《紐約客》（*New Yorker*）雜誌 2018 年的專訪使他當年度銷售量較前年增加 30%。他跟我說：「而且豆子還沒有打折。」桑多的豆子一磅六美元，約是超市價格的三倍（甚至更多），但依然物美價廉。

最近，我從全世界傳統的豆類食譜中尋找靈感，包括先前提到的部分，還有用檸檬、蜂蜜、蒔蘿烹製的希臘大白豆燉鍋、喬治亞的豆餡烤餅（khachapuri，卡查普里）、突尼西亞的鷹嘴豆麵包湯等，族繁不及備載。

我在《華盛頓郵報》擔任飲食編輯已有很長的時間，正好可以完美觀察到飲食界如雨後春筍般出現的潮流和食譜，由部落客、作家、廚師和家庭料理人等各出一份力，我也樂見大家有時候顛覆傳統，以創新的方式料理豆類。法國和義大利的鷹嘴豆煎餅將蕈類和鷹嘴豆混合，碰撞出精彩的風味、顏色與口感。還有一些美味輕盈的無麩質蛋糕，用豆泥取代澱粉和部分脂肪，讓我回想起用眉豆和巧克力蛋糕預拌粉混合做成的布朗尼，但是風味遠不及這款蛋糕。

還有席捲紐約的素食漢堡，種類不只一種！甚至有些廚師用豆水（aquafaba）——豆類罐頭的汁液或煮豆水，做成蛋白霜、慕斯、美乃滋等過去需要用蛋才能做成的食物。豆汁還能夠提供發粉的效果，用於製作蛋糕、馬芬和更多產品。（更多資訊，頁 18）

壓力鍋（Instant Pot）的流行讓上百萬的人發現，透過壓力烹調，可在週間晚上便將豆子煮好。最近我在臉書發布一鍋豆子的照片，留言的其中一人，就是鼎鼎大名的南方飲食作家凱斯琳．帕維斯（Kathleen Purvis），表示：「壓力鍋是豆類遇過第二好的事物。第一好的是什麼呢？Rancho Gordo。」

甚至連喜歡用老派方法煮豆（特別是傳統陶鍋）的桑多也承認，壓力鍋真的顛覆傳統。他說：「這不是我的方法，但我從來沒看過有東西能鼓勵更多非廚師的人下廚，所以我絕對支持。」在 Rancho Gordo 的豆子俱樂部呢？很多人使用壓力鍋。

很想動手煮豆子的人，不論是第一次還是第一千次煮，可以參考我寫這本書查到的東西：選擇自己最喜愛或是經典但未使用豆類的食譜，找到方法輕易 / 美妙地將豆類融入。有時候我會想，若能將世界上每一道雞肉料理做成鷹嘴豆的版本，一定會很好玩。（或許下一本書？）但是我不會利用豆類取代肉類。黎巴嫩的塔布勒沙拉（tabbouleh），裡面「大部分」是香芹與「一點」布格麥（bulgur），而白腎豆或白腰豆則完美取代穀類。（白豆塔布勒沙拉，頁 65。）

豆類也有較嚴肅的一面。如今大家關注氣候變遷——擔心我們是否促使地球到達毀滅的臨界點。豆類所需的水和資源都遠不及動物性蛋白質，非但不會消耗地力，還有助於改善土壤，進行固氮作用，或許能滿足快速成長的人口。如同穀物，豆類也是世界上最早（且最好）的儲存作物，便於運輸且用途廣泛。因此聯合國宣布，2016 年為國際莢果年，莢果（pulses）代表豆科作物可食用的種籽部分，此用法在美國以外的地方較常見。

不論名稱是什麼，豆類都有點神祕，甚至是嚇人的程度，因此其在美國受歡迎的程度，遠不如我所預期。事實上，許多問題都圍繞在購買與烹調豆類的最佳方式：如何知道超市桶子裡的豆子放了多久？豆子該不該泡水？要在烹調前 / 中 / 後加鹽，還是依照新式建議，在泡水時加鹽？酸性食材後加，還是沒關係？用爐火、烤箱、壓力鍋還是慢燉鍋？如何減緩吃豆子產生的脹氣不適感？

我寫這本書，目的是希望尋找新的豆類烹調方式，同時向好用又備受青睞的老派煮法致意，並替豆類招募信徒。言下之意是鼓勵大家走入廚房，在打開豆類罐頭、於一鍋乾燥豆子中加水，或站在爐台前猶豫該煮多久時所遇到的各種問題，都能於書中得到解答。

若豆類尚未贏得你的歡心也無妨，很快地你就會被吸引。

豆類的世界很廣大，本書主要討論的是莢果和豆科植物的乾燥種籽。也就是說，裡頭不會出現四季豆或其他新鮮食用豆

類，但仍有收錄一些我覺得既少見又有趣的新鮮豆類，如乾煸綠鷹嘴豆——同毛豆從豆莢中擠出。也不太討論黃豆，因為若用跟其他乾燥豆類一樣的烹調方式，要很長的時間才能煮軟，風味也單調。黃豆常用於製作其他風味較豐富的食品，像是大家很熟悉的豆漿和豆腐，還有我很喜愛的發酵物如醬油、味噌、印尼天貝等，皆廣泛用於書中的食譜。

豆類的品種非常多，我鍾愛的也不過就幾種，你可以挑選自己喜歡的類型。鷹嘴豆十分萬能，從豆泥、豆汁到麵粉做成的料理，都可以用鷹嘴豆製成。我一直以來都很喜歡墨西哥食物，所以黑豆始終是我的摯愛。不知道是否因為我有中東血統，還是喜歡特別大又厚實的豆類，如蠶豆、皇帝豆、大白豆。

除了上述的品種，其他豆子我也都喜歡，還沒碰過例外的。若適當烹調，我最愛的就是立即食用的類型。

歐洲荷包豆
眉豆
羽扇豆
花紋皇帝豆
鱒魚豆
勒皮扁豆

黑龜豆
豇豆
紅扁豆
笛豆
紅豆
黑鷹嘴豆

本書使用方式

多數食譜中用到的豆子都已經預先煮好，建議大家養成習慣，每週煮一鍋豆子，泡著煮豆水，用我的食譜，搭配你意想不到的創意來烹調。剩餘的煮豆水可以先冷凍，日後做成很棒的湯底或美味高湯，不用加其他東西。

當然使用罐頭也沒問題。屢屢獲獎並擁有 Philly's Vedge 與其他餐廳的大廚里奇．蘭多（Rich Landau）跟我說：「豆類罐頭是你最好的朋友，沒什麼好丟臉的。」

若食譜由乾燥豆子煮起，最好一氣呵成把菜煮完，利用壓力鍋往往能縮減烹調時間。有時候我會希望細火慢燉，此時大可使用慢燉鍋具。

許多食譜都是我自己的原創，其他食譜則以傳統做法為基礎。後者的食材可能來自世界各地，在普通的超市找不到，我盡量提供替代的方法，但也鼓勵若可以的話，到各地市場找看看，就算要在週末開較久的車，或是線上訂購都很值得。（我喜歡的供應商，頁 222）這些食材包含香料、預拌食材、調味料等，能在廚房開啟有趣好玩的大道。最好親自採買不要透過網路訂購，因為市場的老闆都會煮菜，相信我，他們各個都會。如此便能輕易詢問他們最愛的豆類 / 傳統菜餚的烹調方式。盡情吸收靈感吧！

煮豆技巧

我以前會遵循傳統智慧烹煮豆類：一定要泡水，使豆子煮得較快；待烹調快結束，或是最後再加鹽調味，避免豆子煮不爛，酸性食材原則亦是如此；只用鍋子搭配爐火煮，才能隨時注意是否要加水。但過去幾年內，這些原則許多已不復存在。接下來，提供我的方法，使用 450 克的豆子，做出一鍋最有風味的樸實豆類，成品皆可用於書中需要預煮豆類的食譜。

準備方式

挑選 / 清洗。我通常會快速將一批豆子過篩，檢查是否有異物或塵土，不需要浸泡時，可視需求快速沖洗。我買到的豆子絕大多數都很乾淨，所以這個步驟的必要性變得更有彈性。

浸泡。大多數的時候我不會泡，部分是因為我通常會向 Rancho Gordo、Camellia 等高級供應商購買，他們的豆類通常都很新鮮，詳見頁 17，但先跟各位說，浸泡往往不會省下多少時間，不值得這道程序，跳過這個步驟，反而能保留更多風味和顏色。對於黑豆和眉豆等皮薄的品種來說，更是如此。唯獨當我懷疑這批豆子可能放很久，或是不確定有多老，但想要以一般的烹調時間，用爐火 / 烤箱烹調 1-2 個小時，我就會浸泡。（我常用到的壓力鍋就完全不用浸泡。）若要泡水，我會參照一開始讀到的食品科學家兼作家哈羅德．麥吉（Harold McGee），和後來從《美國實驗廚房》（*America's Test Kitchen*）看到的建議，以一湯匙猶太鹽，加水蓋過豆子約 8 公分，如此能替豆子添加更多風味並加速軟化。我會隔夜泡水（或至少四小時），上蓋，置於室溫，烹調前瀝乾。

加鹽。若豆子泡過鹽水，我會在一開始煮豆子的水中，添加一茶匙猶太鹽；若未泡鹽水，則加入一大匙。

使用其他調味。每 450 克豆子，我通常會搭配半顆洋蔥、幾瓣蒜頭、1-2 片月桂葉、1 條乾燥昆布。昆布有助於軟化豆子，和泡水一樣，裡頭的酵素能讓豆子更好消化，減少產氣。（更多解決豆類「發聲」的技巧，頁 22。）有時還會加入 1-2 根辣椒。

番茄／柑橘／酸類。若想當作調味且用量少於幾湯匙，可在一開始加入。酸性食材會讓豆子變硬，但是少量則不會影響。

水。我通常不會測水量。若豆子浸泡過，我會加水蓋過豆子 5 公分；未浸泡則是 8 公分。少於上述基準，通常豆子在煮熟前，還需要再加水，特別是用爐火煮更需要加水。若水太多，寶貴的煮豆水，就會低於我中意的濃度。（壓力鍋例外，每杯豆子我會加 3 杯水。）我使用自來水，華盛頓特區的水「硬度偏中」，意思是鈣、鎂等礦物質含量為中等，使用硬水煮豆子的速度會比蒸餾水慢。若水的硬度很高，或想要縮短烹調時間，可以考慮使用蒸餾水，或於 450 克豆子中加入 ¼ 茶匙烘焙小蘇打粉。（有人說烘焙小蘇打粉會使豆子帶有鹼味。若察覺此狀，可沖洗過再使用。）

數量指南

450 克乾燥豆類
＝ 5-6 杯熟豆，加上 2-3 杯煮豆水

1 罐豆子罐頭
＝ 1½-1¾ 杯熟豆，加上 ½-¾ 杯煮豆水

450 克乾燥豆子＝ 3-4 罐豆子罐頭

罐頭小常識

購買豆子罐頭時，請找「不含雙酚 A」（BPA-free），特別是會用到罐頭汁液的食譜（不僅於此）。早期，罐頭內部會塗上含雙酚 A 的塑膠，有些研究顯示其會導致不孕、心臟病、男性性功能異常等問題。幸好越來越多品牌── 包括 Eden、Westbrae Naturals、Whole Foods 等自有品牌，都改用不含雙酚 A 的塗層。另一個包裝選項則是玻璃罐或無菌袋。

我也比較喜歡未加鹽的豆子，如此便能容易控制鹽（鈉）的用量。若找不到無鹽豆子罐頭，請確實沖洗再使用。

豆類替代品

豆類的品種數以百計，許多都有獨自的特性。我鼓勵大家盡量探索，不要侷限於超市常見的品種，尋找像是 Rancho Gordo 和其他高級供應商提供的原生種，或是到國際市場尋找不熟悉、但受特定文化鍾愛的豆子。

有些豆子自成一格，無可取代，但仍可以實驗看看。鷹嘴豆義大利麵若用白腰豆取代，就會截然不同，後者質地較滑順不像澱粉；黑豆製成的墨西哥辣肉餡捲餅（enchiladas），吃起來和斑豆的版本差很多，但各有其美味。

（接 18 頁）

豆類是否要泡水？

這個問題在豆類烹調的常見問題必定排第一：烹調前要不要泡水？或是可以省略這個步驟嗎？

這些問題的答案很簡單：分別是「否」和「是」。浸泡絕非必要步驟：問問看墨西哥（若有某個國家鍾愛豆類，必屬墨西哥）數百萬位的廚師，他們未曾也不會浸泡豆子。

雖說烹調前不用浸泡豆子，卻不代表不該這麼做。泡水能縮短少許烹調時間，但若只是為了縮短時間，通常不太值得。

那麼，為什麼要泡水？

浸泡有助於減少所謂的反營養素，如凝集素（lectin）和植酸（phytate），會影響豆類營養的完整吸收（詳見，頁 19）。浸泡和換水有助於減少食品科學家哈羅德．麥吉（Harold McGee）所說的「產氣作用」（the gassy potential，見〈食豆與排氣〉，頁 20），但營養、顏色和風味也跟著流失。由傑．健治．羅培茲奧特（J. Kenji Lopez-Alt）創立的網站「認真吃」（Seroius Eats）和其著作《料理實驗室》（*The Food Lab*），與前《洛杉磯時報》飲食編輯羅斯．帕森斯（Russ Parsons）皆公開反對浸泡，特別是薄皮黑豆，這點我也同意：我煮過風味最濃郁且深如墨色的黑豆，都省略浸泡的步驟。

然而，將豆子以鹽水浸泡，則是另一回事。由熱愛美食的「美國實驗廚房」（America's Test Kitchen，ATK）證明，這麼做有助於軟化表皮，口感也會更滑順。但使用乾燥昆布，也能達到相同效果。這個使用古老長壽食物的技巧是由我的前嬉皮姐姐蕾貝卡（Rebekah）許久以前傳授。美國實驗廚房的廚師亦發現，昆布和泡鹽水的效果相同。海帶的「鉀和鈉離子會取代豆子內部的礦物質，創造濃香滑順的質地」，如此便不需要泡水。

那麼一樣，為什麼要泡水？

根據我的淺見，其實有一個正當的原因。對我而言，浸泡能使豆子本身的條件變得更平均。

烹調豆子的神祕之處在於，你永遠不知道原料有多老，一般市場和零售量販產品更是如此。豆子越老，烹飪時間越久。意思是，各批次的烹調時間可能會差很多；儘管是同一批次的豆子，若商家沒有好好處理存放於桶內的豆子也是一樣。但浸泡似乎能重置一切：只要將豆子浸泡一晚，感覺都像是至多 1-2 年的豆子，烹調時間也較平均。

若與品質穩定的商家 / 可靠品牌採買（頁 222），也瞭解通常要煮多久，就不需要浸泡。若是不確定，我建議泡水比較保險。

由於我無法知道你購買的豆子有多老，我將浸泡指示納入多數食譜中，但大可自由省略這個步驟。只要瞭解，若豆子特別老，實際烹飪時間可能較長，甚至長很多。

（接 15 頁）

有了這些資訊，我通常會將豆子以風味、質地和顏色分類，而非植物學品種，因為許多在美國受青睞的豆類，都是屬於菜豆（Phaseolus vulgaris）。本書的食譜有提供許多替代建議，亦可隨意用下列清單替換，顛覆烹調豆類的方式。請記得，烹調時間會隨豆子大小而異，有時質地也會影響。

圓形、富含澱粉、帶堅果味、結實：

鷹嘴豆＝黑鷹嘴豆＝家山黧豆（cicerchie）

非常大、滑順、微甜：

大皇帝豆＝蠶豆＝大白豆＝荷包豆（corona）＝紅花菜豆（scarlet runner）

大小中等、滑順、帶堅果風味：

斑豆＝蔓越莓豆 / 博羅特豆（borlotti）＝加州粉紅菜豆（pinquito）＝鱒魚豆（Jacob's Cattle）

大小中等、富含澱粉、有一點點脆：

眉豆＝豇豆（lady cream peas / cowpeas）

白 / 淺綠色、香滑柔順、結實：

白腎豆＝白腰豆（cannellini）＝美國白豆（great Northern）＝笛豆（flageolet）＝塔貝白豆（tarpais）＝可可豆（coco）

紅色、多肉、風味飽滿：

紅腰豆＝小紅豆

快煮扁豆等可快熟又不易變形的豆類：

褐 / 綠扁豆（brown/green lentils）＝綠豆

小扁豆等會煮成泥的豆類：

紅 / 橘扁豆（red/orange lentils）＝綠豆仁（印度綠豆仁，moong dal）＝黑豆仁（印度黑豆仁，urad dal）

保持形狀的結實小扁豆：

法國綠扁豆＝大白鱘小扁豆（black Beluga lentils）＝翁布里亞小扁豆（Umbrian lentils）＝帕爾迪納小扁豆（Pardina lentils）

豆水（Aquafaba）

打開鷹嘴豆罐頭前先搖一搖。打開後，把篩網置於量杯 / 碗上方，倒入鷹嘴豆。425 克的罐頭約有 ½ 杯豆水——罐頭裡的汁液。豆水放入密封容器可冷藏保存 1 週，或以製冰盒冷凍，放入密封袋可保存 6 個月，使用前解凍。

亦可用乾燥鷹嘴豆煮後剩餘的水，但濃度差異較大，和罐頭相比較不穩定。此外，我喜歡在煮乾燥豆子時加點調味料，而這些帶有風味的豆水通常不適用於其他用途。使用豆水取代雞蛋或當作增稠劑來製作烘培產品時：2 湯匙豆水等於 1 顆蛋白；3 湯匙豆水等於 1 顆全蛋。

烹調方式

我會根據現有的時間、想投入的專注力、想讓香味四溢於屋內還是鎖在壓力鍋內等條件，調整烹調方式。注意，烹調豆類的時間都只是粗略值，許多變因仍取決於豆子新鮮度。以下選項供你參考：

凝集素（Lectins）：似是而非的議題

若你曾讀過某位營養品銷售醫師史提芬．岡德里（Steven Gundry）的暢銷作品，可能會認為豆類是敵人，或相去不遠。

這個想法如下：幾乎所有會讓我們生病的東西，都可以追溯到凝集素——因影響吸收而被歸類為「反營養素」的一種植物性蛋白質。岡德里表示，凝集素會與醣類分子結合，滲入腸壁而導致免疫失調。

聽起來很糟糕吧？許多營養專業人士提出質疑，認為凝集素是否真的那麼壞。事實上，我們不需要擔心豆類中的凝集素，猜猜為什麼？幾乎所有的豆類食譜，都有一個步驟會把近乎全部的凝集素去除：烹煮。（岡德里於下一本著作告訴讀者，將豆類用壓力鍋煮過便可以吃。壓力鍋是烹調豆類的好方法，但我研究分析後認為，並非使用壓力鍋才能顯著降低凝集素含量。）

凝集素的疑慮似乎源自於食用生豆，或因未將凝集素含量特別高的紅腰豆煮熟而不適送醫的少數案例。亦有證據顯示，慢燉鍋可能因溫度不夠熱，而無法滅除凝集素；若將溫度調到最低更是如此。有些研究指出，將豆子煮滾 10 分鐘，似乎就可以消除凝集素。

如此簡單的做法可以解決這個似是而非的議題。

壓力鍋。幾乎要成為我最常使用的烹飪方式。在平日晚上，不需浸泡的情況下，我可以用 15-30 分鐘完成烹煮大部分的豆類（不含加壓和自然洩壓時間）。亦可使用直火加熱鍋、快煮鍋或其他多用途鍋具。根據頁 14-15 的方式準備豆子，並依照頁 224 的圖表以高壓烹煮，自然洩壓。若豆子沒煮熟，可選擇重新加壓煮 5 分鐘，手動洩壓查看狀態，或是開蓋烹煮。就算豆子已經煮熟，我仍喜歡將鍋蓋打開，收汁 10-20 分鐘，提升高湯的濃度。Rancho Gordo 的史帝夫．桑多指出，這個步驟能讓原先平淡乏味的高湯「重生」。

直火加熱鍋。傳統必備物品。我通常使用荷蘭鍋（Dutch oven），依照頁 14-15 的方法，將豆子煮滾 10 分鐘，有助於去除凝集素等所謂的反營養物質（詳見上文）。把火調到最小，蓋上鍋蓋，將豆子煮至很軟（通常約 1-1.5 小時，詳見頁 225，表格）。若想要收汁使高湯濃縮，可以拿掉鍋蓋再煮一下。

儲存方式

若非馬上使用，我會取出昆布、月桂葉、洋蔥（蒜頭會化掉），將豆子連同汁液倒入密封梅森罐，以達到最好的儲存效果（可加水蓋過表面）。450 克乾燥豆子煮成的豆子和汁液，約可裝滿兩個 1 公升罐子，冷藏至多 1 週。若需保存更久，我會把豆子和湯汁（或加水蓋過）放入約 3.8 公升的密封冷凍袋，攤平冷凍，以便日後解凍使用。用強化玻璃罐冷凍也不錯。

食豆與排氣：請下音樂

取決於你在哪邊長大，「吃越多，聲越響」是講述「神奇果」或「音樂果」（magical fruit / musical fruit）的童謠歌詞。但並非要貶低豆類，因為下一句依地區而異的歌詞，可能會是「聲樂響，越開心，每餐都來吃豆子」。

大家一起來！

首先，我們得承認，談到豆類，話題免不了與排氣有關。豆類因排氣而贏得「神奇果」和「音樂果」的暱稱，實屬不易——不僅大聲，有時還是很臭的類型。

為什麼食用豆類會脹氣？罪魁禍首就是其中特定的碳水化合物——寡糖。由於人體內沒有酵素能消化寡醣，便將其累積於腸道。當腸道細菌以寡糖為食、進行發酵便會產生氣體。但不只豆類：任何高纖飲食，特別是起初接觸，都會增加排氣。

若你特別敏感或臉皮很薄，該怎麼辦？能否降低豆類的「音樂性」？當然沒問題，以下是一些訣竅：

1. 若剛開始把豆類納入常態飲食，不論頻率如何都請持續下去。2011 年《營養學期刊》（*Nutrition Journal*）的一篇研究顯示，有半數受試者表示每日飲食多攝取半杯豆類，第一週會感到脹氣，其中約 75% 的人表示，症狀在第 2-3 週消失。
2. 嘗試各種豆子，找出最能適應的種類。同一篇《營養學期刊》的研究顯示，個體食用不同種類的豆子，其反應有極大差異。罐頭豆類經過處理，寡糖含量往往最低，很適合豆類入門者。
3. 2009 年刊登於《LWT－食品科學與技術》（*LWT-Food Science and Technology*）的研究指出，將豆子隔夜泡水、瀝乾、用壓力鍋烹煮，能降低 75-80% 的寡糖含量。1985 年《農業與食品化學期刊》（*Journal of Agricultural and Food Chemistry*）的研究顯示，在水中加入烘焙小蘇打粉，甚至能去除更多寡糖，但會導致部分維生素 B 流失。事實上，泡水便會使營養流失，所以要注意取捨。（詳見〈豆類是否要泡水？〉，頁 17）
4. 經長期證實，加入昆布一起煮能使豆類變得更好消化。此論述有科學根據：昆布（Saccharina japonica）為一種含有 α- 半乳糖苷酶（alpha-galactosidase）的海藻，等同於人體所缺乏用於分解寡糖的酵素。其他有助於消化的傳統添加物，包括墨西哥草藥土荊芥（epazote）、印度阿魏粉（asafoetida/hing/heeng）、孜然和薑。
5. 嘗試半乳糖分解酵素等產品，如 Beano——含有 α- 半乳糖苷酶，研究證實有效幫助消化豆類中的寡糖。

我恰巧相信豆類之於健康的好處良多，不應該害怕排氣便放棄享用豆類的機會。哈羅德．麥吉（Harold McGee）等學者表示，既然寡糖能提供腸道細菌養分，便也是豆類有益健康的原因。

排氣時不妨笑一笑帶過，或當作一首歌吧。

沾醬與點心

豆類滑順的質地，只要稍微輾壓或攪拌，就能變成奢華的抹醬 / 沾醬。鷹嘴豆泥可說是全世界最受歡迎的抹醬，不只能當作沾醬還能作為許多菜餚的基礎。但並非只有鷹嘴豆能做成沾醬 / 抹醬。若養成習慣定時煮一鍋豆子，並尋找不同的食用方式，最終定是加入調味料和一點油，用食物調理機或果汁機打成泥。另一種不同於滑順口感的吃法，利用烘烤或油炸，豆子會如同爆米花般令人欲罷不能。

1

哈里薩辣醬烤胡蘿蔔與白豆沾醬

哈里薩辣醬（harissa）與薄荷混搭，既辛辣又清涼，讓人停不了口。使用白腰豆、白腎豆、美國白豆或其他種類的白豆。

約 **2** 杯

230 克 胡蘿蔔，切 2.5 公分塊狀

1 湯匙 哈里薩辣醬，另備擺盤用（自由選擇）

3 湯匙 特級初榨橄欖油，另備擺盤用

½ 茶匙 猶太鹽，視口味調整

5 瓣 大蒜，帶皮

1¾ 杯 煮熟 / 無鹽罐頭白豆（425 克 / 罐），瀝乾免沖洗（將汁液保留）

¼ 杯 鬆散疊起的薄荷葉，另備切碎薄荷擺盤

1 湯匙 新鮮檸檬汁

1 烤箱預熱至 230ºC。

2 於帶邊小烤盤中混合胡蘿蔔、哈里薩辣醬、1 湯匙橄欖油與鹽。大蒜置於烤盤邊緣，烤至胡蘿蔔能以叉子輕易戳入，約 20-25 分鐘。稍微降溫。

3 將烤軟的大蒜由皮中擠入食物調理機 / 果汁機。加入胡蘿蔔，用刮刀盡量刮入烤成褐色的哈里薩辣醬。若想要可保留幾顆完整的豆子作裝飾，其餘的部分倒入食物調理機 / 果汁機，加入剩餘 2 湯匙橄欖油、薄荷、檸檬汁、豆泥，打成滑順的質地，若需要可將壁上的食材刮入盆中。分次加入幾湯匙水 / 煮豆水，稀釋過濃稠的質地。試吃，視情況再加點鹽。

4 裝盤，用湯匙將沾醬舀入淺盤，以背部抹出螺旋花紋。依喜好加入幾顆完整的豆子和 1-2 小匙哈里薩辣醬，淋上些許橄欖油，撒上切碎薄荷。搭配皮塔餅（pita）、脆餅或生蔬菜食用。

5 放入密封容器，冷藏保存至多 1 週。

簡單輕盈鷹嘴豆泥

（頁 24，圖左）

約 3½ 杯

3½ 杯 煮熟 / 無鹽罐頭鷹嘴豆（一罐 820 克 / 兩罐 425 克），瀝乾免沖洗（將汁液保留，頁 18）

⅓ 杯 芝麻醬

2 瓣 大蒜，切碎

2 湯匙 新鮮檸檬汁

½ 茶匙 猶太鹽，視口味調整

特級初榨橄欖油，盛盤用

煙燻紅椒粉、中東綜合香料（za'atar）或鹽膚木（sumac），盛盤用（自由選擇）

鷹嘴豆泥的製作方式有兩種：第一種將食材丟入食物調理機，祈求成功打成泥；另一種則必須注意每個細節，從鷹嘴豆開始煮起（可以加點烘焙用小蘇打軟化外皮），去皮（相信我，很費工），並且小心攪拌，做出無比柔順的完美豆泥。我提議第三種做法，不須去皮或親煮豆子，也能做得美味又輕盈，不同於灰色粗糙的泥狀物，會讓許多人跌破眼鏡。關鍵是攪拌的順序，並大膽使用豆水（aquafaba）——鷹嘴豆罐頭裡面的汁液。

1 用量杯裝 1 杯煮鷹嘴豆水和一些冰塊。

2 於果汁機（高馬力機型尤佳，如 Vitamix）/ 食物調理機倒入鷹嘴豆、芝麻醬、大蒜、檸檬汁、鹽、¼ 杯豆水。打成細滑狀，若需要可將壁上的食材刮入盆中，繼續攪拌幾分鐘。

3 攪拌時，緩慢加入 ½ 杯豆水，偶爾暫停，將壁上的食材刮入盆中。成品應呈現輕盈、如同鬆餅麵糊般濃稠質地。若太過濃稠，再繼續攪拌，慢慢多加入一些豆水，至質地適中。試吃，視情況再加點鹽。

4 裝盤，將鷹嘴豆泥放入淺碗 / 餐盤，若喜歡可劃出螺旋花紋。淋上一點橄欖油和煙燻紅椒粉（自由選擇）。搭配皮塔餅或生蔬菜食用，亦可當作烤蔬菜基底。

辣味衣索比亞紅扁豆沾醬

這其實就是濃稠版的伊索比亞燉扁豆（misir wot），傳統燉扁豆會用伊索比亞迷人的綜合香料柏柏爾（berbere）調味，包含辣椒、薑、大蒜、葫蘆巴（fenugreek）、香菜和其他辛香料。（你可能要去好的香料店或是透過網路，才能買到柏柏爾，但努力是值得的。）既然紅扁豆會煮爛，不需要打成泥便可以當作沾醬。伊索比亞燉扁豆通常會用大量的澄清奶油調理，但植物油也能達到很好的效果。我喜歡多加一點新鮮大蒜和薑，讓風味更濃烈。

約 **2** 杯

¼ 杯 葵花油 / 葡萄籽油 / 其他中性植物油

1 杯 洋蔥，切末

4 瓣 大蒜，切末

1 湯匙加 1 茶匙 柏柏爾

2 湯匙 番茄糊

1 湯匙 新鮮薑泥

1 茶匙 猶太鹽，視口味調整

1 杯紅扁豆，沖洗瀝乾

水

1 於中型深鍋注油，以中大火加熱至微冒泡。放入洋蔥和大蒜，拌炒至軟化微焦，約 6-8 分鐘。拌入 1 湯匙柏柏爾、番茄糊、薑、鹽，至香氣釋放，約30秒。拌入扁豆和2碗水，燒開後轉成小火，上蓋悶煮，偶爾攪拌至扁豆軟化、湯汁非常濃稠，約 25 分鐘。

2 拌入剩餘 1 茶匙柏柏爾。試吃，視情況再加點鹽。可搭配皮塔餅、其他脆餅或法式蔬菜沙拉（crudites），趁熱或常溫食用。

3 放入密封容器，冷藏可保存至多 1 週。

烤甜菜鷹嘴豆泥佐薑黃芝麻醬和花生杜卡

4 份

甜菜

1 杯 猶太鹽

900 克 甜菜，小 / 中等大小，刷淨未去皮

薑黃芝麻醬（約 1 杯）

水

1 湯匙 新鮮檸檬汁

1 瓣 大蒜，去皮搗碎

1 茶匙 猶太鹽

2½ 茶匙 薑黃粉

1 茶匙 楓糖漿

½ 杯 芝麻醬

花生杜卡（約 ¾ 杯）

⅓ 杯 烤花生

2 湯匙 烤芝麻

2 湯匙 香菜籽

1 茶匙 孜然籽

½ 茶匙 猶太鹽

½ 茶匙 甜味紅椒粉

2 杯 小芝麻餐廳的滑順蓬鬆鷹嘴豆泥（頁 30），常溫

特級初榨橄欖油，澆淋用

華盛頓特區的小芝麻（Little Sesame）餐廳供應許多美好的鷹嘴豆泥料理，這是其中一道。薑黃芝麻醬和花生杜卡（peanut dukkah，一種埃及綜合香料）的份量會超出此食譜所需要，但你會找到很多使用方式——主要可以淋在喜歡的烤蔬菜或穀物料理。

1 烤甜菜：烤箱預熱至 220ºC。

2 取一烤盤，大小需能使甜菜間保有適當的距離，鋪上約 0.6 公分深的鹽。放入甜菜，以鋁箔紙密封整個烤盤，烤至金屬串 / 叉子能輕易穿透甜菜，約 1 小時，視甜菜大小而異。取出甜菜降溫，可自由選擇去皮。把甜菜切成厚度約 1 公分塊狀。

3 烤甜菜的同時，製作薑黃芝麻醬：將 ½ 杯加 2 湯匙的水、檸檬汁、大蒜、鹽、薑黃和楓糖漿放入果汁機打勻。倒入芝麻醬，打至滑順。

4 製作花生杜卡：將花生、芝麻、香菜、孜然、鹽、紅椒粉放入小型食物調理機 / 大型香料專用研磨機，混合均勻但仍保留塊狀。

5 組裝，將鷹嘴豆泥抹入大淺碗，甜菜堆排在中央，淋上一點芝麻醬，撒上一些花生杜卡。淋上橄欖油即可。

6 薑黃芝麻醬放入密封容器可冷藏保存至多 2 週，杜卡放入密封容器可於室溫保存至多 2 個月。

小芝麻餐廳的滑順蓬鬆鷹嘴豆泥

約 **3** 杯

1 杯 乾燥鷹嘴豆，隔夜泡水後瀝乾

1 湯匙 烘焙小蘇打粉

水

1 杯 特級初榨橄欖油，可另備更多

4 瓣 大蒜

1 茶匙 猶太鹽，視口味調整

2 湯匙 新鮮檸檬汁

⅔ 杯 芝麻醬

當我有時間從生豆煮起，就會製作這款鷹嘴豆泥。這是我向大廚羅南·泰納（Ronen Tenne）和尼克·威斯曼（Nick Wiseman）學來的菜餚。他們兩位和尼克的堂兄弟大衛·威斯曼（David Wiseman）共同創辦華盛頓特區的小芝麻（Little Sesame）餐廳，其鷹嘴豆泥遠近馳名。其中最重要的訣竅是：把鷹嘴豆煮到軟化快要散開（可使用烘焙小蘇打粉加快速度）；使用一點生大蒜和油封大蒜（在橄欖油中煮，以增加甜味，降低辛辣感）；不要怕加鹽；使用優質芝麻醬——但不要太多，否則鷹嘴豆泥太過厚重；千萬不要加入橄欖油攪拌。如此能做出超級滑順又輕盈的口感，非常適合淋上烤蔬菜，搭配薑黃芝麻醬和花生杜卡（頁 28），當然也可以用皮塔餅舀著吃。

1 把鷹嘴豆、烘焙小蘇打粉倒入大鍋，加水蓋過豆子約 5 公分，開中大火煮滾。前幾分鐘會起泡，繼續煮並移除泡沫，至些微泡沫殘留。調成中小火，上蓋，把鷹嘴豆煮軟，至木杓抵著鍋壁就會散掉的程度，煮汁呈深褐色，約 40 分鐘。瀝乾。

2 （這份食譜不建議使用壓力鍋，因為小蘇打粉可能會結塊。加上烹調速度已經夠快速，不會省下太多時間，尤其是將加壓時間也考慮進去。）

備註

本食譜會有剩餘的蒜香橄欖油，可冷藏至多 2 週，能取代任何使用普通橄欖油的時機。

3 煮鷹嘴豆時，把橄欖油倒入極小型湯鍋，開小火。加入 2 瓣大蒜，若油量不夠將其覆蓋，可多加一些。將大蒜煮至非常軟，約 30 分鐘。把油瀝出保留。

4 把瀝乾的鷹嘴豆放入高速果汁機 / 食物調理機，加入剩餘 2 瓣大蒜、2 瓣油封大蒜、鹽和檸檬汁，打 3 分鐘，至質地滑順。馬達運轉時，倒入芝麻醬和 ¾ 杯水，繼續攪拌至非常滑順。視情況再加一點水，質地如同濃稠具流動性的鬆餅麵糊。試吃，視情況再加點鹽。

5 把鷹嘴豆泥放入淺碟 / 碗，淋上一點蒜香橄欖油即可。（未淋橄欖油的鷹嘴豆泥，放入密封容器可冷藏保存至多 1 週。食用前放至室溫回溫，靜置會使鷹嘴豆泥變濃稠，若需要可加水稀釋。食用前淋上蒜香橄欖油即可。）

孜然風味烤胡蘿蔔洋蔥和檸檬佐豆子抹醬

這道菜堆疊起來搭配相對應的風味真的非常美妙。我喜歡直接盛裝在大烤餅上，作為好玩與具有互動性的派對晚餐。

4 份

6 根 胡蘿蔔，修剪刷淨

1 顆 檸檬，切半

¼ 杯 特級初榨橄欖油

1 顆 紫洋蔥，切片 / 小塊

2 茶匙 孜然粉

2 茶匙 猶太鹽

2 大張 中東烤餅（lavash）/ 其他烤餅

2 湯匙 蜂蜜 / 龍舌蘭花蜜（agave nectar）

2 杯 蒜味大白豆抹醬（頁 34，或「備註」）

少許 完整煮熟大白豆 / 皇帝豆，裝飾（自由選擇）

1 杯 鬆散疊起的新鮮蒔蘿，切碎

1 烤箱預熱至 230ºC，烤架置於中上層。將大型帶邊烤盤放入烤箱預熱。

2 胡蘿蔔縱向對切。若特別大，可依縱向再對切。

3 檸檬去籽後切薄片（切片時可去除更多籽）。

4 把胡蘿蔔、檸檬片、橄欖油、洋蔥、孜然、鹽放入碗中混合，平鋪於烤盤。

5 烘烤至胡蘿蔔軟化呈淺褐色，檸檬出現焦黑小圓點，洋蔥呈亮紅色，約 30 分鐘（過程中可用夾子拌一拌，再重新鋪平食材）。取出烤盤，關掉烤箱，把中東薄餅（Lavash）直接放上烤架，以餘溫加熱幾分鐘。

6 將蜂蜜淋上胡蘿蔔等食材，趁熱拌勻。

7 擺盤，把熱的中東薄餅放入大盤，每張塗抹一半的豆子抹醬，放上胡蘿蔔等食材，用完整的豆子裝飾，以蒔蘿點綴。

備註

若手邊沒有豆子抹醬，可以快速製作。把 1 杯罐頭皇帝豆（瀝乾沖洗）、6 片壓碎蒜瓣、¼ 杯素食或乳製優格、⅔ 杯烤杏仁碎搗碎，淋上一點橄欖油，用猶太鹽調味。

蒜香大白豆抹醬
（SKORDALIA）

約 2¾ 杯

1¼ 杯 烤無鹽杏仁

1½ 杯 煮熟大白豆，瀝乾免沖水

10 瓣 大蒜，剔除蒜芽（見「備註」）

⅓ 杯 特級初榨橄欖油

2 湯匙 新鮮檸檬汁

1½ 茶匙 猶太鹽，視口味調整

½ 杯 椰子腰果優格（頁 215），或是你最愛的椰奶 / 杏仁奶 / 乳製優格

1 茶匙 檸檬皮細末

這款希臘抹醬最常使用馬鈴薯和麵包製作，但我看過一些版本使用我最愛的大白豆，現在只要我有多餘的大白豆，就會拿來做這款抹醬。我的朋友阿格萊亞．克雷梅茲（Aglaia Kremezi）使用泡水的去皮杏仁，如此能做出最滑順的質地。但我偏好懶惰的方法，使用烤堅果碎 —— 口感更豐富，我喜歡。

1 把杏仁放入食物調理機，瞬轉攪打幾次，呈碎粒狀。加入豆子、大蒜、油、檸檬汁、鹽、優格、檸檬皮混勻，仍保有堅果顆粒口感。試吃，視情況再加點鹽。

2 可當作皮塔餅 / 生菜沾醬，或鋪上烤蔬菜（頁 33，孜然風味烤胡蘿蔔洋蔥和檸檬），亦可做成三明治。

備註

除非使用很新鮮的大蒜，否則裡面可能已經開始發芽。若使用這種大蒜，蒜芽會產生強烈的辛辣風味。用水果刀將蒜瓣縱向切開，剔除中間的蒜芽。

黑豆泥母醬

華盛頓特區的大廚克里斯汀・伊拉比安（Christian Irabien）在我的廚房烹煮豆子的時候，靈光一閃，指著裝滿黑豆泥的果汁機說：「這就像是墨西哥母醬。」我們異口同聲說：「就是母醬（Salsa madre）！」他的意思當然是指，這些醬料可用來製作許多菜餚：抹在炸玉米餅船上、做成墨西哥厚玉米餅（sope，頁 36）當作鹹味玉米片的基底（頁 174）、稀釋成湯搭配玉米餃（頁 108），或是抹在墨西哥薄餅（tostada）/ 墨西哥夾餅（taco）/ 麵包上。伊拉比安處理豆子有兩個秘訣，我之前從來沒看過。第一個是將豆子和香料拌入鍋中一起烹煮，包含通常之後才加入的食材：一顆洋蔥、半顆大蒜，兩者皆保留皮與根、乾燥酪梨葉——能添加些許八角風味、甚至是月桂葉，通常在上桌前撈起來。

第二個秘訣是他用的鹽水：豆子煮好打成泥前，先瀝乾（當然，寶貴的煮豆水要保留），接著泡入濃度很高的鹽水，使其入味。第三個祕訣對墨西哥的廚師來說屢見不鮮：跳過前置泡水的步驟，顏色更深、高湯會更有風味——這些便是這道菜的關鍵。

約 5 杯

450 克 乾燥黑豆，沖洗

水

3 片 月桂葉

3 片 乾燥酪梨葉（可用 1 茶匙八角 / 茴香籽取代）

½ 顆 白洋蔥，連皮帶根

½ 顆 大蒜，連皮帶根

¼ 杯加 1 湯匙 猶太鹽

1. 將黑豆與 950 毫升的水倒入荷蘭鍋 / 重的鍋子，開大火。加入月桂葉、酪梨葉、洋蔥、大蒜，煮滾後轉小火慢燉，打開鍋蓋，煮至豆子非常軟爛，約 2-3 小時。
2. 在煮豆子的過程，製作鹽水：將 950 毫升水與鹽混合，攪拌至完全溶解。
3. 豆子煮軟時，離火。倒入細篩網瀝乾，保留煮豆水和香料。把豆子倒入鹽水靜置至少 1 小時。
4. 把豆子徹底瀝乾，倒掉鹽水，將其和 1 杯煮豆水、月桂葉、酪梨葉、洋蔥、大蒜倒入果汁機（Vitamix 等高馬力機型尤佳），打到質地滑順。若需要可多加一點煮豆水，份量能使刀片轉動即可。
5. 豆泥放入密封容器，冷藏可保存至多1週，冷凍至多6個月。

墨西哥黑豆厚玉米餅

8 份厚玉米餅

1 杯 快煮墨西哥玉米粉（instant masa harina），可另備更多

½ 茶匙 猶太鹽

熱水

3 湯匙 無鹽植物性 / 動物性奶油，室溫

紅花油（safflower oil）/ 葡萄籽油 / 其他中性植物油，煎炸用

1 杯 黑豆泥母醬（頁 35，或「備註」），加熱

½ 杯 香料豆腐費達起司（頁 217），或市售素食 / 乳製費達起司，捏碎

½ 杯 簡易炭烤綠莎莎醬（頁 217）/ 偏好的市售莎莎醬

1 杯 鬆散疊起的綜合萵苣葉，搭配 2 湯匙新鮮萊姆汁

這道讓人滿足的小點心，是華盛頓特區的大廚克里斯汀・伊拉比安（Christian Irabién）教我的。煎玉米餅外皮酥脆，內餡滑順，簡直是珍饈。塑型需要一點練習，特別是因為要先稍微預煮，再整型煎熟。玉米餅放上豆泥、費達起司、莎莎醬和清脆的萵苣，便能成為受歡迎的開胃菜。

1 把玉米粉和鹽放入桌上型攪拌機，裝上攪拌槳（亦可使用大碗和手持攪拌器）。慢速攪拌，緩緩倒入 ¾ 杯熱水，至食材成團。麵團濕潤帶點黏性，不要太黏或太乾。若太黏，撒一點玉米粉，繼續打勻；若太乾，加入約一湯匙熱水，繼續打勻。麵團調整好後，轉為中高速，放入一小塊奶油，至完全消失後再加入一小塊。待奶油全部融入麵團，轉成高速，再打一分鐘，至麵團非常蓬鬆。查看麵團是否帶有一點黏性，不要太黏或太乾，若需要可加入玉米粉 / 水調整。

2 用小餅乾杓 / 大湯匙，將麵團均分八塊。每塊拍入約 7.6 公分的模具。

3 取 1 湯匙油倒入大型煎鍋，以中大火加熱至微冒泡，盡可能放入最多麵團，避免過擠。每面約煎一分鐘，呈淺褐色時取出裝盤，待稍微降溫至可操作的程度，把麵團沿著邊緣捏起，做成有捲邊的籃狀。

4 將足夠的油倒入煎鍋，約 1.3 公分深，以中大火加熱至微冒泡，盡可能放入最多玉米餅船（厚玉米餅），避免過擠，每面煎 2 分鐘至酥脆。放入舖有紙巾的餐盤。

5 每塊厚玉米餅舀入 2 湯匙黑豆泥，放上費達起司、綠莎莎醬和拌好的萵苣。趁熱享用。

備註

若手邊沒有母醬，將 1½ 杯煮熟或瀝乾沖洗的無鹽罐裝黑豆、¼ 茶匙猶太鹽、½ 茶匙孜然粉倒入果汁機，加入些許水 / 煮豆水使刀片能夠轉動，打到滑順。

玉米鷹嘴豆泥佐辣玉米醬

8-12 份

鷹嘴豆泥（約 5 杯）

3 大根 玉米，帶皮

1 杯 乾燥鷹嘴豆，隔夜泡水後瀝乾

2 片（約 8×13 公分）乾燥昆布

1 片 月桂葉

1 顆 黃洋蔥，對切

1 瓣 大蒜

1½ 茶匙 猶太鹽，視口味調整

水

½ 杯 芝麻醬

¼ 杯 特級初榨橄欖油

¼ 杯 新鮮檸檬汁，視口味調整

1 茶匙 薑黃粉

當我在 Oleana（一間位於波士頓我非常喜歡的餐廳）的菜單上看到玉米鷹嘴豆泥時，頓時覺得發現新大陸，決定要親自做做看。畢竟，餐廳的大廚兼老闆安娜・索頓（Ana Sortun），早在多年前就以熱奶油土耳其鷹嘴豆泥讓我為之驚艷。Oleana 的創意主廚佩姬・倫巴蒂（Paige Lombardi）顯然為鷹嘴豆泥感到醉心，因為她非常喜愛用這料理（放上各式餡料）呈現季節食材，帶出地中海和中東香料的溫暖情調。她將整根玉米芯丟入鍋中增添鷹嘴豆的風味，加入薑黃帶出土壤風味的基底（和美麗的金黃色），淋上由玉米、番茄和香料——包含帶果香又火辣的馬拉什辣椒（Marash chiles）調製的醬汁，做成這道美麗的佳餚。除了減少份量，我只做了一個調整：把新鮮的玉米粒加入鷹嘴豆泥，讓風味再次升級。

1 製作鷹嘴豆泥：用水沖洗帶皮玉米，微波 5-7 分鐘，至冒出蒸氣。稍微降溫，用手指感受，於較寬的一端（未長鬚）找到無生長玉米粒處，用鋒利的刀將尾端少數的玉米連同芯切除。握住長鬚的一端，將整根玉米擠出來，應該呈現乾淨並帶有幾分熟，若需要可用水把鬚沖掉。把玉米橫向對切，立在砧板上，由側邊削下玉米粒。留下一杯玉米粒拌入鷹嘴豆泥，其餘的做成醬汁。

2 把玉米芯、鷹嘴豆、昆布、月桂葉、洋蔥、大蒜、1 茶匙鹽放入大鍋，加水覆蓋食材約 2.5 公分。開大火把水煮開，繼續煮 5 分鐘，調整為中小火。蓋上鍋蓋，把鷹嘴豆煮軟，約 60-90 分鐘。（定期查看，若需要可添加水量以覆蓋食材。）

3 （亦可用直火加熱 / 電子壓力鍋：將直火加熱壓力鍋上壓，烹煮 25 分鐘；電子壓力鍋需 30 分鐘，熄火後自然洩壓。）

4 鷹嘴豆煮軟後，把月桂葉、玉米芯、洋蔥、昆布取出。瀝乾鷹嘴豆，保留煮豆水。

5 鷹嘴豆放入高速果汁機 / 食物調理機，加入 1 杯備用玉米粒、芝麻醬、橄欖油、檸檬汁、薑黃、剩餘 ½ 茶匙鹽、1 杯煮豆水，打至滑順。質地如濃厚具流動性的鬆餅麵糊。若需要稀釋，一次加入 ¼ 杯煮豆水。試吃，視情況再加點鹽和檸檬汁。

6 製作玉米醬：把橄欖油倒入中型平底鍋，開中大火。微冒泡時，拌入醃甜椒、香菜、孜然、辣椒片、奧勒岡、鹽、胡椒，煮約 30 秒至香氣釋出。拌入玉米至生味去除，約 1-2 分鐘。拌入檸檬汁，用湯匙把鍋底煎成褐色的食材刮起來。拌入番茄和香芹後離火。試吃，視情況再加點鹽。

7 擺盤：將鷹嘴豆泥挖入大盤 / 多個餐盤，用湯匙背面把豆泥往盤緣推，空出中央倒入玉米醬，撒上葵花子、香芹，淋上橄欖油。

玉米醬（約 2½ 杯）

1 湯匙 特級初榨橄欖油，另備澆淋用

2 根 土耳其醃辣椒（或希臘 / 義大利辣椒），切碎

2 茶匙 香菜粉

1 茶匙 孜然粉

1 茶匙 馬拉什辣椒片（Marash chile flakes，可用 ½ 茶匙碎紅椒片取代）

1 茶匙 乾燥奧勒岡

½ 茶匙 猶太鹽，視口味調整

½ 茶匙 現磨黑胡椒粒

1½-2 杯 備用玉米粒

2 湯匙 新鮮檸檬汁，視口味調整

1 杯 櫻桃番茄，對切

3 茶匙 烘烤無鹽葵花子

¼ 杯 平葉香芹 / 香菜葉，切碎，另備裝飾

乾煸綠鷹嘴豆佐辣椒與萊姆

若你夠幸運能找到新鮮綠鷹嘴豆莢，立即購入做成很棒的派對開胃小點，便能使賓客駐足在廚房觀賞你做菜。我很喜歡這道料理，感覺像是日式小甜椒（shishito peppers）和清蒸毛豆的最佳組合。將鷹嘴豆從平底鍋撈起，立即用大量墨西哥綜合調味料（Tajin，含辣椒粉、鹽、乾萊姆粉）調味，如此一來將鷹嘴豆從豆莢擠入口中時，就能同時品嚐附著在豆莢和手指上的香料。

4-6 份

2 湯匙 特級初榨橄欖油，可另備更多

450 克 新鮮鷹嘴豆莢（可用新鮮 / 冷凍退冰毛豆莢取代）

1 茶匙 猶太鹽，視口味調整

1 湯匙 墨西哥綜合調味料（Tajin）/ Rancho Gordo 的「星塵沾粉」（Star Dust，或見「變化」）

1. 把橄欖油倒入大型鑄鐵鍋 / 堅固平底鍋，開中大火。微冒泡時，放入鷹嘴豆鋪平，可分批煮避免過擠。（若需要可多加一點油。）偶爾攪拌煮至豆莢出現黑點，約 5-6 分鐘。
2. 將煮熟發亮的豆莢盛入碗中，立即撒上鹽和墨西哥綜合調味料（Tajin）。剩餘的豆莢用相同方式處理。

變化

除了墨西哥綜合調味料（Tajin），亦可嘗試印度香料（chaat masala）、馬德拉斯咖哩（Madras curry）、中式五香粉、北非綜合香料（ras el hanout）、中東綜合香料（za'atar）、柏柏爾（berbere）或任何其他喜歡的綜合香料。

黑鷹嘴豆泥佐黑蒜與醃檸檬

約 4 杯

400 克 乾燥黑鷹嘴豆，隔夜泡水後瀝乾

水

2 片（約 8×13 公分）乾燥昆布

1½ 茶匙 猶太鹽，視口味調整

½ 杯 芝麻醬

½ 杯 切碎醃檸檬，另備裝飾

4 瓣 黑大蒜

¼ 杯 煙燻橄欖油（可用一般橄欖油取代）

平葉香芹，裝飾

「媽媽的有機市場」（Mom's Organic Market）是我在華盛頓特區最愛的雜貨店，裡頭有無數種乾燥豆類。當這家店開始販賣「永恆天然食品」（Timeless Natural Foods）品牌的印度黑鷹嘴豆（black kabuli chickpeas），我便做了這道料理。黑鷹嘴豆大部分黝黑的色澤都在外皮，所以豆泥呈現褐色而非墨黑色，帶有濃厚堅果風味；黑大蒜不但加深這層風味，還帶來些許甘甜；醃檸檬則增添鹹澀刺激感。在義大利食材專賣店可找到黑色鷹嘴豆（ceci neri），或是印度商店有顏色較淡，體積較小的黑色鷹嘴豆（kala chana）。

1. 將鷹嘴豆、6 杯水、昆布、1 湯匙鹽放入大鍋，開中大火。煮滾後轉中小火，蓋上鍋蓋，把鷹嘴豆煮軟，約 60-90 分鐘。稍微降溫後（或冷藏保存至多 5 天），瀝乾鷹嘴豆，保留煮豆水。
2. （亦可用直火加熱 / 電子壓力鍋：將直火加熱壓力鍋上壓，烹煮 25 分鐘；電子壓力鍋需 30 分鐘，熄火後自然洩壓。）
3. 保留約 ¼ 杯鷹嘴豆作裝飾。
4. 把剩餘的鷹嘴豆、1 杯煮豆水、剩餘 ½ 茶匙鹽、芝麻醬、醃檸檬、大蒜倒入果汁機，Vitamix 等高馬力機型尤佳。打至滑順，若需要可分次加入 ½ 杯煮豆水，避免太稠打不動。繼續添加煮豆水，打至滑順輕盈，但不要過稀至能流動（質地如濃稠蛋糕麵糊）。可能會用完所有煮豆水。試吃，視情況再加點鹽。
5. 裝盤，把鷹嘴豆泥裝入大盤子，用大湯匙背面將豆泥畫出波紋，淋上橄欖油。用保留的鷹嘴豆、醃檸檬、香芹點綴，搭配麵包、醃漬物或生蔬菜食用。

中東鷹嘴豆茄子芝麻醬

沒錯，就是鷹嘴豆泥和中東茄子芝麻醬（baba ghanouj）的變形，將兩者質地融合成既獨特又熟悉的料理。美國科羅拉多州的波德有一間餐廳名為 Eco-Cuisine，這道菜的靈感來自於其行政主廚──羅恩．皮卡斯基（Ron Pickarski）。他將這道菜致贈給聯合國農糧組織（Food and Agriculture Organization of the United Nations），感謝該組織對 2016 年國際莢果年的貢獻。我的版本比較簡單，使用鹽膚木（sumac）增添一點酸鹹風味，並以煙燻紅椒粉模擬茄子的煙燻風味。若將茄子炭烤，能做出傳統茄子芝麻醬的煙燻風味，效果更好（如此，則可以省略煙燻紅椒粉）。

約 2 杯

3 顆 中大型義大利茄子

2 湯匙 葡萄籽油

1¾ 杯 煮熟／無鹽罐頭鷹嘴豆（425 克／罐），瀝乾沖洗

2 瓣 大蒜，切碎

3 湯匙 芝麻醬

1 湯匙 新鮮檸檬汁

1 茶匙 鹽膚木（sumac），另備裝飾

½ 茶匙 猶太鹽，視口味調整

¼ 茶匙 西班牙煙燻紅椒粉（自由選擇）

煙燻／一般橄欖油，澆淋用

1 準備煎烤盤，以中火加熱。若使用木炭，手要能夠在上方約 15 公分處停留 4-6 秒鐘／瓦斯烤爐需預熱 10 分鐘，至溫度達 230℃（中大火）／室內烹調，將烤箱調成上火燒烤模式（若有不同設定，請調為高）。架好烤架，使煎烤盤上的茄子只距離熱源幾公分。（注意，會有煙霧！）

2 用水果刀將整顆茄子刺小洞，抹上葡萄籽油並直接放入煎烤盤／帶邊大烤盤，用上火烤。視情況翻面，至茄子兩面焦黑酥脆，完全塌陷，約 40-60 分鐘。取出放涼。

3 降溫至可以操作時，切開表皮將果肉（約 1½ 杯）刮入食物調理機／果汁機。加入鷹嘴豆、大蒜、芝麻醬、檸檬汁、鹽膚木、鹽，煙燻紅椒粉可自由選擇，打至滑順。試吃，視情況再加點鹽。

4 擺盤，將成品挖入淺碗，用大湯匙畫波紋。淋上橄欖油並撒一點鹽膚木。

5 搭配皮塔餅、胡蘿蔔脆片或任何喜歡的生蔬菜食用。

厄瓜多酸醃羽扇豆

8 份

2½ 杯 罐裝羽扇豆（chochos），瀝乾沖洗

1 小顆 紫洋蔥 /
2 大顆 紅蔥頭，切絲

水

1 顆 番茄，切片

⅓ 杯 新鮮柳橙汁

⅔ 杯 新鮮萊姆汁

¼ 杯 鬆散疊起的新鮮香菜葉，切碎

1 湯匙 紅花油（safflower oil）/ 葡萄籽油 / 其他中性植物油

1 湯匙 番茄糊

1 茶匙 猶太鹽，視口味調整

½ 杯 脆玉米粒，裝飾用

1 顆 熟成酪梨，切塊，裝飾用

你最喜愛的辣醬（自由選擇）

大蕉脆片（Plantain chips）/
墨西哥玉米片（tortilla chips）

並非所有的酸醃生魚（ceviche）都用魚做成：這道厄瓜多山區的傳統菜餚使用的是羽扇豆（chochos），由我的學者朋友桑德拉．古鐵雷斯（Sandra Gutierrez）傳授。羽扇豆要重複煮滾好幾次，才能安全食用，可能因為如此，通常在煮熟後便泡入鹽水，裝入罐子中。

羽扇豆可以在拉丁美洲或義大利市場中找到（醃羽扇豆在羅馬是很受歡迎的小吃）。使用罐裝羽扇豆製作，比乾豆簡單多了，但後續的工序還是很繁瑣：我比較喜歡吃去皮的豆子，需要一點刀工——如同替世界上最小的蝦子剝殼去腸。後續的步驟就簡單多了，不需要烹煮，就可以做好美味的點心，在大熱天中吃起來特別爽口。若手邊剛好有煮熟的大白豆 / 大皇帝豆，也很適合做這道料理。

1. 將羽扇豆用非慣用手的拇指和食指拿好，露出小孔洞，好剝除外皮。用慣用手拿水果刀，小心切開孔洞，把豆子擠入大碗。重複動作至完成所有豆子。
2. 將洋蔥一同放入大碗，加水浸泡約 10 分鐘。瀝乾，用水沖淨後放回碗中。（如此能去除洋蔥的嗆辣、洗去羽扇豆多餘的鹽份。）
3. 加入番茄、柳橙汁、萊姆汁、香菜、油、番茄糊、鹽。試吃，視情況再加點鹽。放入密封容器，冷藏靜置至少 2 小時，至多 24 小時。
4. 擺盤，把成品放入碗中，綴以脆玉米粒和酪梨，依喜好淋上辣醬，搭配脆餅享用。

紅豆核桃石榴醬

約 1¾ 杯

1¾ 杯 煮熟 / 無鹽罐頭紅腰豆（425 克 / 罐），瀝乾沖洗

½ 杯 核桃，切碎

2 瓣 大蒜，切碎

3 湯匙 無鹽植物性 / 動物性奶油，或精煉椰子油

3 湯匙 石榴糖漿，另備澆淋用

½ 茶匙 猶太鹽，視口味調整

½ 茶匙 現磨黑胡椒粒，視口味調整

¼ 杯 石榴果粒，裝飾用（自由選擇）

這道傳統亞美尼亞小吃的變形，帶有大蒜和奶油的香氣，和一點石榴糖漿的果酸（絕對是令我無法抵擋的非傳統巧思）。這份食譜的基礎，來自於餐飲界我最愛的兩位女人：波士頓的大廚安娜・索頓（Ana Sortun），及食譜作家娜歐蜜・杜古德（Naomi Duguid）。我擅自更動食譜，希望她們不會介意。

1 把豆子、核桃、大蒜、奶油、石榴糖漿、鹽、胡椒放入食物調理機 / 果汁機，打到滑順。若需要，可將壁上的食材刮入盆中。試吃，視情況再加點鹽和胡椒。

2 把豆泥刮入四個 ½ 杯大小的烤模，蓋上保鮮膜，冷藏至少 2 小時至食材定型。亦可將豆泥鋪成長條形，用保鮮膜包起，放入冰箱，定型後切成厚片。上桌前，拆掉保鮮膜，淋上糖漿，依喜好撒上石榴粒。

3 搭配脆餅與醃菜享用。

4 放入密封容器，冷藏可保存至多 5 天，冷凍至多 3 個月。

烤蠶豆脆片

約 2 杯

1 杯 去皮大蠶豆，隔夜泡水後瀝乾

¼ 杯 米穀粉

1 湯匙 猶太鹽

1 湯匙 大蒜粉

1 湯匙 洋蔥粉

¼ 杯 特級初榨橄欖油

我參考商店裡頻頻對我招手的零嘴，做出這道小點。經過無數次的試驗，我發現訣竅是在烘烤前將蠶豆泡水，而非煮過。（用水煮時，乾燥的蠶豆與外皮會毫無預警地變成美味的豆糊，就算「煮錯」，也依然能好好善用。）若找不到去皮的乾燥蠶豆，不妨將整顆乾燥蠶豆泡水，以幫助去皮。避免使用內部帶皮的豆子，因為沒有煮過很難去皮。這些脆片主要是用來解饞，但亦可當作湯品和沙拉酥脆的配料。記得，你可以大膽更換香料：捨棄大蒜和洋蔥粉，嘗試中東綜合香料（za'atar）、鹽膚木（sumac）、印度混合辛香料（garam masala）、煙燻紅椒粉、老海灣（Old Bay）調味粉或其他喜歡的香料。

1. 烤箱預熱至 180ºC。
2. 豆子平舖在餐巾紙上，用幾張餐巾紙拍乾。移除餐巾紙，讓豆子風乾幾分鐘。
3. 將米穀粉、鹽、大蒜粉、洋蔥粉於大碗中拌勻，拌入橄欖油。加入豆子，使其均勻裹上香料橄欖油。把豆子平舖於帶邊大烤盤，請勿重疊。
4. 烘烤 25 分鐘後關閉烤箱（忍住，不要打開！），靜置降溫約 20 分鐘。將豆子取出，放入大餐盤繼續降溫。
5. 冷卻後即可享用，或放入密封容器室溫保存至多 2 週。

酥脆香料烤鷹嘴豆

《美食台》（*Food Network*）頻道的《好吃》（*Good Eats*）節目主持人阿爾頓．布朗（Alton Brown）熱愛食品科學，他花了很多時間鑽研，發現將烤鷹嘴豆做成如油炸般酥脆的秘訣在於放入烤箱降溫，順便烘乾。我將這個做法更進化：將豆子慢慢烘烤，於烤箱內靜置更久，以確保口感更酥脆。終於，自製的零嘴和市售的有得比了。我喜歡嘗試用不同香料和混合香料當作調味，亦可選擇自己喜歡或不斷嘗試。

約 **1¾** 杯

1¾ 杯 煮熟／無鹽罐頭鷹嘴豆（425 克／罐），瀝乾沖洗

2 茶匙 特級初榨橄欖油

1 茶匙 猶太鹽，視口味調整

1 茶匙 中東綜合香料（za'atar）、鹽膚木（sumac）、中華五香粉、馬德拉斯咖哩（Madras curry）、墨西哥綜合調味料（Tajin）、煙燻紅椒粉、印度香料（chaat masala）或其他喜愛的單方或綜合香料，視口味調整

1. 烤箱預熱至 150ºC，放入帶邊大型烤盤一起預熱。
2. 用沙拉旋轉脫水器將鷹嘴豆瀝乾，移至餐巾紙上，另取額外餐巾紙蓋上，輕輕抹去多餘水分。靜置風乾至少 30 分鐘。把豆子、1 茶匙橄欖油、½ 茶匙鹽和香料於碗中混勻。
3. 將豆子倒入已預熱烤盤，烘烤 1 小時，至稍微上色，邊緣開始變酥脆。關閉烤箱，讓鷹嘴豆在烤箱中降溫（要忍住，不開烤箱！），約 2 小時。
4. 取出鷹嘴豆於室溫降溫。冷卻後，淋上剩餘 1 茶匙橄欖油，撒上 ½ 茶匙鹽。試吃，視情況再加點鹽和／或香料。
5. 冷卻後即可享用，或放入密封容器於室溫保存至多 1 週。

大白豆與波特菇沙嗲

4-6 份

醃醬

4 根 青蔥，切碎

2 湯匙 新鮮薑泥

¼ 杯 新鮮檸檬汁

2 茶匙 檸檬皮細末

2 湯匙 紅花油（safflower oil）/ 葡萄籽油，另備潤鍋用

4 瓣 大蒜，切碎

2 湯匙 低鈉無麩質醬油（low-sodium tamari）

2 茶匙 紅糖

水

3 大顆 波特菇（portobello），去梗切 4 片

1½ 杯 煮熟大白豆，瀝乾沖洗（可用最大的皇帝豆取代）

醬汁

剩餘醃醬（上述）

½ 茶匙 卡宴辣椒粉（cayenne pepper）

½ 杯 滑順花生醬

水

1 杯 無糖乾燥椰絲

何不將豆類做成沙嗲（sate/satay）？這道由印尼帶給世界最棒的佳餚。在當地，當然不只有雞肉沙嗲，還能找到魚肉、蝦子，甚至是天貝（印尼的另一道佳餚）作成的沙嗲。大白豆體積大至能夠串起來，質地也夠厚實，能搭配味道濃厚的醃醬和辣花生醬。若有剩餘的醬汁，放入密封容器，可冷藏保存至多 1 週。加入義大利麵與一點麻油拌勻，就能做出芝麻冷麵！

1 製作醃醬：將青蔥、薑、檸檬汁、檸檬皮、油、大蒜、無麩質醬油（tamari）、紅糖、¼ 杯水倒入食物調理機 / 果汁機，打到滑順，若需要，可將壁上的食材刮入盆中。

2 將波特菇和一半醃醬於小玻璃碗拌勻，取另一個小玻璃碗拌入豆子和剩餘醃醬。上蓋，冷藏至少 2 小時 / 隔夜。

3 將 12 支木籤以熱水浸泡 10-15 分鐘，瀝乾。

4 將波特菇和豆子瀝乾，保留醃醬。

5 製作醬汁：將醃醬倒入小型湯鍋，以中火加熱至些許冒泡，拌入卡宴辣椒粉、花生醬、½ 杯水。煮至濃稠但仍可以流動，若需要可多加一點水。離火，上蓋保溫。

6 將三片波特菇縱向串起，以相同方式處理剩餘的份。大白豆用其他木籤串起。

7 以中大火加熱煎鍋 / 煎烤盤 / 大型鑄鐵平底鍋，刷上一點油。盡可能放入越多波特菇串越好，烹調至其軟化，呈焦黃色，每面約 4 分鐘（若需要，可用鍋鏟下壓，使波特菇與鍋具接觸）。剩餘的波特菇串以相同方式處理。豆子串要熱透，微上色，每面約 2 分鐘。烤好的串燒放入大餐盤，用鋁箔紙稍微罩住保溫。

8 擺盤，排好豆子與波特菇串，擺上醬汁和椰絲，讓客人依喜好沾醬撒粉。

焗烤馬鈴薯白豆

傳統的奶油烤鱈魚（brandade）是用鹽漬鱈魚製成，但位於費城的 Vedge 與 V Street 兩間餐廳，及華盛頓特區的 Philly and Fancy Radish 餐廳所有人——里奇．蘭多（Rich Landau）提倡蔬食，他和我分享這個使用白腰豆的美妙版本，非常適合當作派對開胃小點。特別是天冷的時節，不用說燙到冒泡又美味的食物，絕對是最佳選擇。

6-8 份

450 克 褐皮馬鈴薯（russet potatoes）

1½ 杯 煮熟／無鹽罐頭白腰豆（425 克／罐），瀝乾沖洗

1 杯 鷹嘴豆蒜味美乃滋（頁 214）／市售素食美乃滋／傳統美乃滋

1 瓣 大蒜，切碎

1 小顆 紅蔥頭，切碎

3 湯匙 特級初榨橄欖油

2 湯匙 細香蔥，切碎

1 湯匙 新鮮檸檬汁

2 茶匙 第戎芥末醬

1 茶匙 猶太鹽

½ 茶匙 白胡椒

½ 茶匙 雪莉酒醋（sherry vinegar）

1. 烤箱預熱至 220ºC。
2. 將馬鈴薯用叉子戳洞。高溫微波 4 分鐘，移至帶邊大烤盤，烤至軟透，約 45 分鐘。
3. 烤馬鈴薯的同時，把豆子、蒜香美乃滋、大蒜、紅蔥頭、橄欖油、細香蔥、檸檬汁、芥末、鹽、胡椒、醋倒入食物調理機／果汁機，打到滑順。若需要，可將壁上的食材刮入盆中。把豆泥盛入大碗。
4. 馬鈴薯煮好後，靜置幾分鐘降溫至可操作的程度，將烤箱的溫度調高至 230ºC。
5. 將馬鈴薯對切，用叉子將內部挖出，裝入豆泥的大碗，輕柔拌勻。
6. 靜置 20 分鐘，讓馬鈴薯吸收水分。此階段的成品在烘烤前，放入密封容器可冷藏保存至多 1 週。
7. 把馬鈴薯豆泥放入 3-4 個焗烤盤／小型砂鍋。烤至表面冒泡，稍微上色，約 15-20 分鐘。
8. 搭配脆皮麵包食用。

黑扁豆脆片

約 **24** 塊脆片

1 杯 米穀粉

¼ 杯 鷹嘴豆粉

½ 杯 黑扁豆，隔夜泡水後瀝乾

½ 杯 葵花子

¼ 杯 奇亞籽

¼ 杯 芝麻

2 茶匙 猶太鹽

1 茶匙 新鮮迷迭香，切碎

2 湯匙 特級初榨橄欖油

滾水

這個無麩質脆片，是由熱愛豆類的瑞典烘焙師——麗娜・沃倫汀松（Lina Wallentinson）的版本改編而成。其超級酥脆且口感十足的特色來自於食譜中的扁豆和種籽。沃倫汀松的版本捨棄麵粉改用奇亞籽（能夠產生膠稠的效果）製作「麵團」，真的很神奇。但我想以結實的質地，舀起本章節介紹的沾醬，所以加入米穀粉和少量鷹嘴豆粉。記得，此食譜的成品味道很簡單，但你可以加入中東綜合香料（za'atar）、孜然、奧勒岡和／或煙燻紅椒粉等辛香料。

1 烤箱預熱至 180ºC，於下方三分之一處放入烤架。

2 取中型碗，將米穀粉、鷹嘴豆粉、扁豆、葵花子、奇亞籽、芝麻、鹽、迷迭香、橄欖油拌勻。倒入 1 杯滾水攪拌均勻。讓麵團靜置 10 分鐘，罩住碗口放入冷藏至少 1 小時。

3 將麵團放至標準大小（約 30×40 公分）的烤焙紙上，蓋上另一張烤焙紙，往四邊桿開（將超出邊界的麵團補至空缺的地方）。

4 撕去上層烤焙紙，將麵團與底部的烤焙紙一同放入大型餅乾烤盤 / 帶邊烤盤。放入烤箱下層烘烤，至摸起來乾燥且呈淺褐色，約 1 小時。取出麵團，翻面後撕去烤焙紙，放回烤箱將另一面烤成淺褐色，約 15 分鐘。移至冷卻架降溫，放涼後會更酥脆。

5 剝成大片立即享用，或放入密封容器於室溫保存至多 1 週。

香濃辣味白豆菠菜朝鮮薊沾醬

約 6 杯

1 杯 生腰果

水

2 湯匙 特級初榨橄欖油

1 大顆 黃洋蔥

4 瓣 大蒜，切碎

1 茶匙 猶太鹽，視口味調整

½ 茶匙 碎紅椒片

450 克 嫩菠菜，切細（可用芥菜 / 瑞士甜菜 / 羽衣甘藍 / 芥藍菜代替）

1¾ 杯 煮熟 / 無鹽罐頭白腰豆或白腎豆（425 克 / 罐），瀝乾沖洗

1 杯 原味植物性 / 動物性奶油乳酪，打鬆

1 罐（400 克）朝鮮薊心，瀝乾切碎

2 湯匙 鹽膚木（sumac）

12 片 微辣醃漬墨西哥辣椒，切碎。另備 2 湯匙醃漬液

½ 杯 日式麵包粉 / 其他種類麵包粉

黏稠的菠菜朝鮮薊沾醬使人無法抗拒，這份食譜是我的詮釋方式，加入香濃的白豆增添份量，再以（少許）兩種辣椒增添辛辣風味。順道一提，食譜裡的鹽膚木看起來很多，但相信我，這樣剛好。

1 烤箱預熱至 200ºC。

2 把腰果和 1 杯水放入小湯鍋，以中大火煮至微滾。關火上蓋，靜置至少 15 分鐘。用 Vitamix 等高馬力的果汁機打到非常滑順，靜置備用。

3 把橄欖油倒入大型平底鑄鐵鍋，以中大火加熱至微冒泡，拌入洋蔥和大蒜，炒至淺褐色，約 7-8 分鐘。拌入鹽和紅椒片，爆香約 30 秒。

4 將火力調成中火，拌入菠菜炒至萎縮，約 3-4 分鐘（若使用較硬的蔬菜，需要較長時間）。關火，拌入腰果泥、豆子、奶油乳酪、朝鮮薊心、鹽膚木、墨西哥辣椒片、醃漬液。試吃，視情況再加點鹽。

5 撒上麵包粉，烤至表面和邊緣焦黃，內部滾燙，約 45 分鐘（亦可於烘烤前蓋上蓋子，冷藏保存至多 1 週）。

6 趁熱搭配脆片、薯片或烤麵包享用。

白腰豆泥佐義式醃漬蔬菜與七味粉

麥可・傅利曼（Mike Friedman）是華盛頓特區 Red Hen 和 All-Purpose 兩間餐廳的老闆兼大廚。他的殺手級抹醬，我覺得無法叫做鷹嘴豆泥，就算註明「特別版」也一樣，因為若裡面不含鷹嘴豆，便是名不符實了。麥可結合義式與美式手法，使用白腰豆，擺上義大利醃漬蔬菜（giardeniera），最後撒上帶有日式風味的七味粉（辣椒與其他香料），顯然是全球化的抹醬。

約 1¾ 杯

1¾ 杯 煮熟／無鹽罐頭白腰豆（425 克／罐），瀝乾沖洗

¼ 杯 新鮮檸檬汁

¼ 杯 芝麻醬

2 茶匙 猶太鹽

2 瓣 大蒜，切末

¼ 杯 特級初榨橄欖油

½ 杯 義大利醃漬蔬菜（giardeniera），瀝乾切碎

1 茶匙 七味粉（togarashi，可用紅辣椒片取代）

1 把白腰豆、檸檬汁、芝麻醬、鹽、大蒜放入食物調理機／果汁機，打至滑順，約 1 分鐘。若需要，可將壁上的食材刮入盆中。

2 食物調理機運轉時，緩緩倒入橄欖油，繼續攪拌至豆泥非常滑順，約 2-3 分鐘。

3 放入密封容器，冷藏靜置至少 2 小時即可食用。

4 擺盤，把抹醬舀入餐盤／淺碗，中間疊放義大利醃漬蔬菜，撒上七味粉。

沙拉

豆子若能維持其形狀，就很適合替沙拉增添份量與營養。除了少數的例外，罐頭豆類很好用，只要打開、瀝乾，和其他食材拌勻即可。還有哪種蛋白質來源如此方便？這些沙拉多數非常適合當作配菜或主餐，取決於如何搭配——當然還有份量。

2

紅寶石萵苣佐綠咖哩女神醬與脆扁豆

當我在華盛頓特區的 Ellē 餐廳食用這道沙拉，便覺得這是我見過最性感的豆類料理：綴有紅色葉緣的綠色菜葉，搭配亮黑色扁豆佐淡綠色醬汁。風味更甚美好：辛辣帶酸的草本風味沙拉醬、清脆的萵苣、帶有風土味的酥脆扁豆（加種籽），風味單純又富有層次，帶著純粹的吸引力。我將大廚布萊德．德波伊（Brad Deboy）的食譜簡化，做成日常版。用萊姆和新鮮羅勒將市售咖哩醬升級，取代自製咖哩醬。剩餘的醬汁，放入密封容器可冷藏保存至多 1 週，用於馬鈴薯 / 其他蔬菜沙拉，或是沾醬。

6 份

綠咖哩女神沙拉醬

340 克　嫩豆腐，瀝乾（選用無菌包裝尤佳，非泡水冷藏的豆腐）

½ 杯　鬆散疊起的羅勒葉

¼ 湯匙　特級初榨橄欖油，另備組裝用

2 湯匙　泰式綠咖哩醬

1 瓣　大蒜，切末

1 茶匙　萊姆皮細末

2 湯匙　新鮮萊姆汁

1 湯匙　龍舌蘭花蜜（agave nectar）/ 蜂蜜

½ 茶匙　猶太鹽，視口味調整

沙拉

¼ 杯　黑扁豆，挑選並沖洗

水

葵花油 / 紅花油（safflower oil），油炸用

2 湯匙　烤白芝麻

2 湯匙　烤亞麻籽

¼ 茶匙　猶太鹽，視口味調整

¼ 茶匙　大蒜粉

1 湯匙　新鮮檸檬汁

6 杯　鬆散疊起的紅寶石萵苣葉（可用蘿蔓心代替），冰鎮

½ 杯　緊密疊起的羅勒葉，切碎，裝飾用

½ 杯　緊密疊起的薄荷葉，切碎，裝飾用

1 製作沙拉醬：將豆腐、羅勒、橄欖油、咖哩醬、大蒜、萊姆皮、萊姆汁、龍舌蘭花蜜（agave）、鹽倒入食物調理機，打至滑順。若需要，可將壁上的食材刮入盆中。試吃，視情況再加點鹽。

2 製作沙拉：把扁豆和 1 杯水放入小湯鍋，以中大火煮滾。轉成小火，上蓋把鷹嘴豆煨軟，約 20-30 分鐘。用細篩網將豆子瀝乾，以冷水沖洗，鬆散地放至廚房紙巾上，輕輕拍乾。

3 把油倒入中型平底鍋約 2.5 公分深，開中大火。於碗中鋪上餐巾紙，待油鍋微冒泡，將扁豆入鍋，小心避免熱油噴濺。煮至扁豆停止冒泡，約 5 分鐘，用漏勺將扁豆撈入備用碗中。待冷卻後，移除餐巾紙，拌入芝麻、亞麻籽、鹽、大蒜粉。

4 組裝沙拉：將 ½ 杯沙拉醬刮入大碗，加入檸檬汁和一點橄欖油攪勻。放入萵苣葉，輕輕攪拌至沾滿醬汁。撒上一半混合扁豆種籽拌勻。若喜歡可再加入 ¼ 杯沙拉醬拌勻。

5 擺盤，將沙拉均分至餐盤，撒上剩餘的混合扁豆種籽，以切碎羅勒和薄荷裝飾。

三色豆沙拉佐費達起司與香芹

6 份

450 克 黃色四季豆（可用菜豆代替）

1 顆 黃洋蔥，切絲

4 瓣 大蒜，帶皮

5 湯匙 特級初榨橄欖油

½ 茶匙 猶太鹽，視口味調整

⅓ 杯 蘋果醋

2 湯匙 糖

¼ 茶匙 現磨黑胡椒粒

1½ 杯 煮熟 / 無鹽罐頭美國白豆、白腎豆或白腰豆（425 克 / 罐），瀝乾沖洗

1½ 杯 煮熟 / 無鹽罐頭紅腰豆（425 克 / 罐），瀝乾沖洗

2 根 芹菜梗，切細

1 杯 鬆散疊起的平葉香芹葉，切碎

¼ 杯 香料豆腐費達起司（頁 217）、市售素食 / 乳製費達起司，捏碎

我小時候非常喜歡美式傳統三色豆沙拉，但現在口味改變，無法忍受罐裝菜豆。所以我用烘烤黃色四季豆代替，搭配洋蔥、大蒜、煮熟美國白豆和紅腰豆，淋上酸甜醬（雖然沒我媽媽做的甜！），再撒上少許費達起司。這道沙拉隔天味道更好，所以吃不完不用擔心。

1 烤箱預熱至 230ºC，放入帶邊大型烤盤一起預熱。

2 在大碗中混合四季豆、洋蔥、大蒜、2 湯匙橄欖油與鹽，倒入烤盤後鋪平。烤至豆子軟化稍微上色，約 20-30 分鐘，把豆子與其他食材舀至砧板稍微降溫。

3 挑出大蒜，把蒜頭擠入剛使用的碗中。用叉子稍微將大蒜壓碎，加入剩餘 3 湯匙橄欖油、醋、糖、胡椒拌勻。

4 烤好的豆子和洋蔥切成約 2.5 公分，放入含醬汁的碗中。拌入白豆、腎豆、芹菜、香芹，輕輕拌勻。試吃，視情況再加點鹽。灑上費達起司即可上桌。

法式綠扁豆佐三式芥末醬

這道溫沙拉的靈感來自於法式綠扁豆——能夠完美保持原形的知名勒皮（du Puy）種，與第戎油醋醬的經典搭配，和我的朋友大衛・列博維茨（David Lebovitz）在《我的巴黎廚房》（*My Paris Kitchen*）一書中描述的一樣。我使用兩種形式的芥末：用來增添口感和風味的黑芥末籽（black mustard seed），以及帶有辣味的芥菜。加上些許費達起司和烤開心果，無比美味。

6 份

1½ 杯 法式綠扁豆，挑選後洗淨

蔬菜高湯（頁 216）/ 市售無鹽蔬菜高湯 / 水

1 片 月桂葉

2 茶匙 猶太鹽，視口味調整

¼ 杯 特級初榨橄欖油，另備澆淋用

1 小顆 黃洋蔥，切碎

2 瓣 大蒜，切碎

1 根 胡蘿蔔，切碎

1 湯匙 黃 / 黑芥末籽

1 大把 芥菜，切碎

1 顆 紅蔥頭，切碎

1 湯匙 紅葡萄酒醋

1 茶匙 第戎芥末

1 杯 烤開心果

1 杯 香料豆腐費達起司（頁 217）、市售素食 / 乳製費達起司，捏碎

1 把扁豆、5 杯高湯、月桂葉、1 茶匙鹽放入湯鍋。煮開，轉中小火把扁豆煮軟，約 20 分鐘。

2 煮扁豆的同時，把橄欖油倒入大型深平底鍋，以中大火加熱至微冒泡。加入洋蔥、大蒜、胡蘿蔔，炒至蔬菜軟化，約 5 分鐘。拌入剩餘的 1 茶匙鹽和芥末籽，再加入芥菜炒軟，約 5 分鐘。

3 扁豆煮軟後，瀝乾，去除月桂葉，倒入平底鍋和芥菜拌勻。關火，拌入紅蔥頭、醋、第戎芥末。試吃，視情況再加點鹽。

4 擺盤，把沙拉分裝至六個餐盤，撒上開心果和費達起司。

鷹嘴豆餅與阿拉伯蔬菜沙拉

6-8 份

3½ 杯 煮熟／無鹽罐頭鷹嘴豆（兩罐，425 克／罐），瀝乾沖洗

1 顆 黃洋蔥，切大塊

5 瓣 大蒜，去皮，保留整顆

2 湯匙 特級初榨橄欖油

¾ 茶匙 猶太鹽

2 茶匙 孜然粉

1 茶匙 香菜粉

¼ 茶匙 卡宴辣椒粉

2 大張 皮塔餅，剝大塊

1 湯匙 鹽膚木（sumac）

沙拉醬

烤大蒜（上述）

¼ 杯 新鮮檸檬汁

¼ 杯 芝麻醬

水

½ 茶匙 猶太鹽，視口味調整

6 杯 撕碎蘿蔓葉

1 杯 鬆散疊起的平葉香芹葉

2 杯 櫻桃番茄，切半

4 大根 醃黃瓜，切塊

這種麵包沙拉很像中東蔬菜沙拉，裡頭將鷹嘴豆三明治的必備要素：香料鷹嘴豆，當然還有皮塔餅、萵苣、香芹、醃菜、芝麻醬，通通放入碗裡。新鮮現做最好吃，因為皮塔脆餅帶有酥脆感。剩餘的若想要保存，將烤過的皮塔餅放入密封容器置於室溫，其餘的以冷藏保存，至上桌時取出。

1 烤箱預熱至 220ºC。

2 於大型帶邊烤盤將鷹嘴豆、洋蔥、大蒜、橄欖油、鹽、孜然、香菜、卡宴辣椒混合。烤至洋蔥和大蒜軟化，約 15-20 分鐘。

3 鋪上皮塔餅，撒上鹽膚木，繼續烤至皮塔餅酥脆，洋蔥和大蒜非常軟，約 8-10 分鐘。

4 取出烤盤，挑出大蒜用於製作沙拉醬，其餘的部分靜置冷卻至常溫。

5 食材冷卻的同時，可製作沙拉醬：於小碗中將挑出的大蒜用叉子壓碎，倒入檸檬汁、芝麻醬、¼ 杯水、鹽，拌勻。試吃，視情況再加點鹽。

6 組裝沙拉：將鷹嘴豆和其他食材與蘿蔓心、香芹、番茄、醃黃瓜拌勻。淋上沙拉醬，即可立即食用。

黑豆玉米椰子沙拉

6-8 份

2 根 玉米，帶皮

2 根小型 / 1 根中型 波布拉諾辣椒（poblano chile）

1¾ 杯 煮熟 / 無鹽罐頭黑豆（425 克 / 罐），瀝乾沖洗

½ 杯 新鮮現磨椰子絲（見「備註」）/ 冷凍椰子絲

¼ 杯 鬆散疊起的薄荷葉，切碎

2 湯匙 新鮮萊姆汁

1 杯 櫻桃番茄，小顆切半或大顆切 ¼

1 湯匙 特級初榨橄欖油

½ 茶匙 猶太鹽，視口味調整

這道菜介於沙拉和莎莎醬之間；若要做成莎莎醬，可加入 1 根去籽切碎墨西哥辣椒 / 聖納羅辣椒（serrano chile），當作酥脆新鮮的配菜、墨西哥玉米片沾醬，或墨西哥夾餅 / 三明治 / 穀物碗 / 沙拉的配料。

1 用水沖洗帶皮玉米，高溫微波 5 分鐘，至冒蒸氣。稍微降溫，用手指感受，於較寬的一端（未長鬚）找到無生長玉米粒處，用鋒利的刀將尾端少數的玉米連同芯切除。握住長鬚的一端，將整根玉米擠出來，應該呈現乾淨並帶有幾分熟。把玉米橫向對切，立在砧板上，由側邊削下玉米粒裝入大碗。

2 將波布拉諾辣椒以瓦斯烤爐大火烘烤，用夾子翻面烤至表面布滿焦黑圓點（亦可用上火烤）。裝入小碗，蓋上小盤子悶 10 分鐘後打開。待降溫至可操作時，用手剝除焦黑外皮，去除梗和種籽。切成約 6 公分，放進玉米粒的碗中。

3 加入豆子、椰子絲、薄荷、萊姆汁、番茄、橄欖油、鹽，拌勻。試吃，視情況再加點鹽。立即享用。

備註

製作新鮮現磨椰子絲：用抹布包住整顆椰子，放入不鏽鋼碗，以槌子 / 擀麵棍將椰子敲開。用奶油刀將果肉由殼撬出，以直立型刨刀粗糙面 / 食物調理機刨粉板削成細絲。

白豆塔布勒沙拉

塔布勒沙拉（Tabbouleh）在美國是個誤會。濕糊的北非小米或布格麥（bulgur），點綴幾片香芹，可能還有少許番茄，這種沙拉你吃過多少次？我親愛的朋友，這不是塔布勒沙拉。就比例看來，塔布勒沙拉真正的重點是香芹，布格麥其實只是裝飾。既然穀物只是這道經典黎巴嫩沙拉的配角，所以我用白豆取代布格麥，一點都不會感到罪惡。此外，豆子的效果非常好，我甚至覺得比原先更好。注意：最好使用能維持形狀的白豆，且不要煮過頭。使用捲葉香芹比平葉香芹更能使沙拉維持蓬鬆，而不會過度濕糊。相同地，請忍住不要使用食物調理機。

1 將香芹葉片摘下（鬆散疊起約 6 杯）。清洗後用沙拉脫水器去除水分，鋪在餐巾紙拍乾。若可以，靜置風乾至少 30 分鐘，切碎。

2 將白腰豆鋪在另一張餐巾紙上，蓋上一些餐巾紙，輕輕拍乾。

3 將香芹、豆子、番茄、青蔥、薄荷、檸檬汁、橄欖油、大蒜、鹽、胡椒於中碗拌勻。試吃，視情況再加點鹽。立即享用。

4-6 份

2 把 捲葉香芹

1¾ 杯 煮熟／無鹽罐頭白腰豆（425 克／罐），瀝乾沖洗

1 杯 櫻桃番茄／葡萄番茄，切成 ¼

2 根 青蔥，切細

10 片 大薄荷葉，切碎

3 湯匙 新鮮檸檬汁

2 湯匙 橄欖油

2 瓣 大蒜，切末／壓碎

½ 茶匙 猶太鹽，視口味調整

¼ 茶匙 現磨黑胡椒粒，視口味調整

義大利米沙拉佐白腰豆

4-6 份

1 杯 卡納羅利米（Carnaroli），或用阿柏里歐米（Arborio）取代

水

1 茶匙 猶太鹽，視口味調整

1 根 櫛瓜，切 2.5 公分塊狀

1 根 芹菜梗，切 2.5 公分塊狀

1 顆 黃色 / 紅色甜椒，切 2.5 公分塊狀

½ 杯 油漬橄欖，去籽

½ 杯 鬆散疊起的平葉香芹葉

½ 杯 櫻桃番茄 / 葡萄蕃茄，切半

5 茶匙 新鮮檸檬 / 萊姆汁

1 湯匙 鷹嘴豆蒜香美乃滋（頁 214），或市售素食 / 傳統美乃滋（見對頁備註）

1 湯匙 第戎芥末

2 湯匙 特級初榨橄欖油

½ 茶匙 現磨黑胡椒粒，視口味調整

1¾ 杯 煮熟 / 無鹽罐頭白腰豆（425 克 / 罐），瀝乾沖洗

這是義大利版的馬鈴薯沙拉，最適合野餐、戶外烹飪，或夏天的家庭晚餐。我的靈感來自於羅蘭多．貝拉門迪（Rolando Beramendi）的《正宗》（*Autentico*）這本食譜，裡面有道菜叫做「康塔薩的米沙拉」（Contessa's Rice Salad），由康塔薩細心地將蔬菜切成米粒大小。我通常沒有耐心做這種事，所以會用食物調理機。將蔬菜切成相同大小塊狀，確保打出來的大小一致。但我一定會使用卡納羅利米（Carnaroli）—— 一種澱粉含量高的義大利米，通常用於燉飯，成品非常香濃滑順。

1. 將米倒入中型鍋子，加水蓋過米約 5 公分，以中大火加熱。拌入 ½ 茶匙鹽，煮開後轉中小火保持微滾，開蓋煮至保有嚼勁（al dente），約 7-9 分鐘。若米尚未吸乾所有水分，用細篩網濾乾，倒入大碗放涼。（加速冷卻可將米鋪在帶邊大烤盤，放入冷藏降溫，再放回碗中。）
2. 米冷卻的同時，將櫛瓜、芹菜、甜椒、橄欖、香芹、番茄放入食物調理機，瞬轉攪打幾次至食材呈米粒大小。若需要，可將壁上的食材刮入盆中，並小心不要打過頭變成糊。

3 將蔬菜放入米的碗中，拌勻。若米粒在冷卻時結塊，請弄散。

4 於小碗中拌勻檸檬汁、蒜香美乃滋、芥末、橄欖油、剩餘½茶匙鹽、胡椒粒。（可用食物調理機處理，小型的更好用。將食材倒入攪拌蔬菜的盆即可，不需沖洗。）將醬汁倒入米等食材拌勻。輕輕拌入白腰豆，小心不要弄碎。試吃，視情況再加點鹽和胡椒。

5 可常溫 / 冰鎮享用。

備註

若以市售美乃滋取代鷹嘴豆蒜香美乃滋，可於沙拉醬中添加 1 瓣大蒜末。

蔓越莓豆南瓜石榴冬季沙拉

這道沙拉充滿嚼勁與核果風味，讓我在天冷的晚上（可能還有白天）特別想吃，搭配美妙的冬季食材：石榴，更加分。若要更有飽足感，用羽衣甘藍取代芝麻菜（arugula）。請務必把梗去除，菜葉切細絲並按摩幾分鐘，使其更柔軟。我最喜歡用蔓越莓豆做這道菜，但也可以用白腎豆、白腰豆、斑豆、腎豆或鷹嘴豆——任何你喜歡的都可以。

4 份

½ 杯 野米

水

450 克 得利卡特南瓜（delicata）/ 橡實南瓜（acorn squash）

3 湯匙 特級初榨橄欖油

1 茶匙 猶太鹽，視口味調整

3 杯 芝麻菜（arugula）

1¾ 杯 熟蔓越莓豆，瀝乾沖洗

1 杯 石榴籽

1 湯匙 石榴糖漿

1 湯匙 新鮮檸檬汁

½ 杯 烤南瓜籽

芝麻菜花 / 微型菜苗（microgreen）/ 其他可食用花（自由選擇）

1 把野米和 2 杯水放入小湯鍋，以中大火加熱煮滾。轉小火，上蓋保持微滾將米煮軟、種皮裂開，約 60-90 分鐘，瀝乾。

2 煮米的同時，將帶邊大烤盤放入烤箱，預熱 225ºC。

3 用鋸齒刀將南瓜帶梗的一邊切除，挖出種籽。若想要，可將種籽保留烘烤。將南瓜縱向對切，再橫切成 1 公分寬片狀。待烤箱預熱完成，將南瓜平鋪在預熱烤盤上，勿相互交疊。淋上 2 湯匙橄欖油，撒上 ½ 茶匙鹽。將南瓜烤軟，約 15 分鐘。取出降溫。

4 在大碗中將烤南瓜、熟米、芝麻菜、豆子、石榴籽、剩餘 ½ 茶匙鹽混合。淋上石榴糖漿、檸檬汁、剩餘 1 湯匙橄欖油，把沙拉拌勻。試吃，視情況再加點鹽。撒上南瓜籽，若想要可用芝麻菜花 / 微型菜苗裝飾，立即上桌。

印度水果與鷹嘴豆沙拉

4 份

1½ 杯 煮熟 / 無鹽罐頭鷹嘴豆（425 克 / 罐），瀝乾沖洗

花生油 / 葵花油 / 其他中性植物油

1 湯匙 馬德拉斯咖哩粉（Madras curry powder）

½ 茶匙 猶太鹽

1 小顆 熟成木瓜，切 1 公分方塊

1 大顆 熟成芒果，切 1 公分方塊

½ 杯 羅望子椰棗酸甜醬（tarmarind-date chutney）

1 茶匙 新鮮檸檬汁

2 湯匙 香菜葉，切碎

½ 茶匙 泰式青辣椒，切碎

¼ 茶匙 孜然粉

Bindaas 是我在華盛頓特區最愛的印度餐廳，這道料理就是以他們的招牌菜為發想。餐廳老闆是阿修可．巴巴吉（Ashok Bajaj），獲獎大廚是維克拉姆．桑德拉（Vikram Sunderam），曾在 Rasika 和 Bombay Club 任職──特色是印度酸甜小吃（chaat）與其他街頭小吃。這道沙拉有我最喜歡的風味和口感：滑順、酥脆、酸甜、層次與辛辣。維克拉姆的食譜唯一被修改的地方，就是省略波羅蜜，由於市面上最常見的是整顆波羅蜜，我想省去剖開整顆果實帶來的麻煩，也不喜歡罐裝的替代品。就算省略波羅蜜，沙拉裡面也有許多鮮明的風味，讓人時常想做這道菜。

1 把鷹嘴豆置於兩層餐巾紙中間拍乾。

2 於大型深平底鍋注油約 1.2 公分深，以中大火加熱至微冒泡，加入鷹嘴豆炸到酥脆，約 3-4 分鐘。用漏勺將豆子舀入舖有餐巾紙的餐盤，拌入咖哩粉和鹽。

3 在大碗中拌勻木瓜、芒果、酸辣醬（chutney）、檸檬汁、香菜、青辣椒和孜然。盛入碗中，撒上鷹嘴豆即可享用。

備註

羅望子椰棗酸甜醬（tarmarind-date chutney）在好的印度市場 / 亞洲超市中都可以找到。

乾煸櫛瓜玉米花豆沙拉

豆煮玉米（succotash）是南方知名夏日料理。我的版本通常會將手邊有的玉米、番茄、奶油豆（butter beans）隨意組合。但自從我用非常喜歡的食材——乾煸櫛瓜，當作墨西哥夾餅的內餡，我就知道它也能夠被放入這道沙拉。我加入美乃滋和酪梨做成沙拉，可冰鎮或常溫食用。豆類的選擇盡量大又厚實：自從在墨西哥市與花豆邂逅，我便比較偏好花豆，但大白豆、蠶豆、皇帝豆和其他奶油豆都很適合。

6 份

3 大根 玉米，帶皮

1 根小型 / 中型 櫛瓜，縱切成寬度 2.5 公分長條

⅓ 杯 鷹嘴豆蒜香美乃滋（頁 214），或市售素食 / 傳統美乃滋

2 湯匙 新鮮萊姆汁

1 茶匙 細海鹽，視口味調整

¼ 茶匙 現磨黑胡椒粒

2 杯 煮熟蔓越莓豆，瀝乾沖洗

½ 顆 甜黃洋蔥，維達利亞（Vidalia）/ 瓦拉瓦拉（Walla-Walla）尤佳，切絲

1 杯 櫻桃番茄 / 葡萄蕃茄，切半

½ 杯 堆疊緊密的羅勒葉，切碎

1 根 墨西哥辣椒 / 聖納羅辣椒（serrano chile），去梗去籽，切碎

1 顆 成熟酪梨，切塊

1. 用水沖洗帶皮玉米，高溫微波 5-7 分鐘，至冒蒸氣。稍微降溫，用手指感受，於較寬的一端（未長鬚）找到無生長玉米粒處，用鋒利的刀將尾端少數的玉米連同芯切除。握住長鬚的一端，將整根玉米擠出來，應該呈現乾淨並帶有幾分熟。
2. 將大型鑄鐵平底鍋以大火加熱至冒煙，鋪上一層櫛瓜，乾煎 4 分鐘，不要移動煎到焦黑。用夾子 / 鏟子翻面，將另一面也煎到焦黑，約 3 分鐘。取出櫛瓜降溫。
3. 於平底鍋放入整根玉米乾煎，每 1-2 分鐘稍微翻面，至表面佈滿焦黑斑點。（有些玉米粒會爆！）取出玉米降溫。
4. 櫛瓜和玉米降溫後，將櫛瓜切成約 1 公分；玉米橫向對切，立在砧板上，由側邊削下玉米粒。
5. 在大碗中拌勻蒜香美乃滋、萊姆汁、鹽、胡椒，加入櫛瓜、玉米、豆子、洋蔥、番茄、羅勒、辣椒、酪梨，輕輕拌勻。試吃，視情況再加點鹽。
6. 可常溫 / 冷藏冰鎮享用。

羽衣甘藍小番茄與花紋皇帝豆沙拉佐蜂蜜蒔蘿醬

4-6 份

1½ 杯 乾燥花紋皇帝豆（可用最大型的皇帝豆 / 大白豆代替），隔夜泡水後瀝乾

水

1 片（約 8×13 公分）乾燥昆布

2 片 月桂葉

1½ 茶匙 猶太鹽，視口味調整

2 杯 櫻桃番茄，切半

¼ 杯加 1 湯匙 特級初榨橄欖油

240 克 恐龍羽衣甘藍（lacinato）/ 捲葉羽衣甘藍（curly kale）

沙拉醬

¼ 杯 新鮮檸檬汁

2 湯匙 蜂蜜 / 龍舌蘭花蜜（agave nectar）

½ 杯 鬆散疊起的新鮮蒔蘿，切碎

½ 杯 烤核桃，切碎

現磨黑胡椒粒

這道沙拉的靈感來自於希臘燉雜豆（piyaz），我向華盛頓特區 Zaytinya 餐廳主廚麥可．哥斯達（Michael Costa）學做這道料理。週間的晚上，我會將燉菜做成沙拉，幾乎不太需要烹調——若你已經有幾杯煮熟的豆子，就更簡單了。沒有也沒關係，好在我們有壓力鍋（或快煮鍋）這個好朋友。花紋皇帝豆煮熟後仍保有美麗的紋路，但其他大型豆類也一樣美味。這道沙拉使用堅韌的羽衣甘藍所以容易保存，很適合野餐或戶外烹飪。

1 將豆子倒入大型鍋子，加水蓋過約 5 公分，以中大火加熱。加入昆布、月桂葉、1 茶匙鹽；上蓋，煮滾，繼續煮 10 分鐘。轉成中小火把豆子煮軟，約 60-90 分鐘。

2 亦可用直火加熱 / 電子壓力鍋煮豆子：升壓後，轉成中火（若使用直火加熱壓力鍋），維持壓力烹煮 20 分鐘。待鍋子自然洩壓後，打開鍋蓋。

3 烤箱調上火模式，把烤架放至離熱源最近的位置。將番茄上淋 1 湯匙橄欖油，撒上 ¼ 茶匙鹽。用上火烤至焦黑、向內塌陷，約 4-6 分鐘。

4 將羽衣甘藍洗淨徹底瀝乾，切絲放入碗中。用手一次抓起一把，輕輕擠壓幾分鐘，替羽衣甘藍「按摩」，至顏色變深、較為柔軟。

5 將豆子瀝乾，免沖洗，和羽衣甘藍混勻。

6 製作沙拉醬：在小碗中拌勻剩餘 ¼ 杯橄欖油、檸檬汁、蜂蜜、蒔蘿、剩餘 ¼ 茶匙鹽。拌入番茄、番茄汁液、核桃。

7 將一半沙拉醬淋在羽衣甘藍和豆子上，拌勻。撒上現磨胡椒粒。若想要，可多加一點沙拉醬，剩餘的保留至用餐時自由添加或用於其他料理。（放入密封容器可冷藏保存至多 1 週。）

8 立即享用或冷藏保存至多 5 天。

醃燻豆腐與白腎豆沙拉

4-6 份

230 克 醃燻豆腐，剝成一口大小，捏碎

1¾ 杯 煮熟／無鹽罐頭白腎豆、美國白豆（425 克／罐），瀝乾沖洗

2 根 青蔥，切絲

1 根 胡蘿蔔，切碎

½ 杯 乾燥櫻桃，切碎

½ 杯 醃菜，切碎

2 湯匙 烤芝麻

½ 茶匙 西班牙煙燻紅椒粉（自由選擇）

½ 茶匙 卡宴辣椒粉

1 茶匙 猶太鹽，視口味調整

1 大顆 熟成酪梨，壓碎

1 湯匙 鷹嘴豆蒜香美乃滋（頁 214），或市售素食／傳統美乃滋

2 湯匙 蘋果醋

我開始製作這道沙拉是第一次在華盛頓特區聯合市場（Union Market）裡吃到 Neopol Savory Smokery 販售的醃燻豆腐之後。若無法自製，我會用市售醃燻豆腐（或烤過和醃過）的豆腐，加入我喜歡的香料——醃燻紅椒粉。很適合當鬆軟白麵包／饅頭的抹醬、萵苣捲／麵粉製玉米餅捲內餡，或是搭配蔬菜。

1 於大碗中拌勻豆腐、豆子、青蔥、胡蘿蔔、櫻桃、醃菜、芝麻、紅椒粉、卡宴辣椒（視個人喜好）、鹽。加入酪梨、蒜香美乃滋、醋，拌勻。試吃，視情況再加點鹽。

2 立即享用。

豇豆番薯乾煸秋葵沙拉

這道簡易沙拉呈現出豇豆香濃微甜的風味。在早期由被奴役的人們從非洲帶到美國南方，塑造當地的美食風貌。這種豆類是眉豆和黑眼豌豆（black-eyed pea）的親戚，可以互相替代。我喜歡維持最顯著的南方風味，所以用豇豆、番薯、秋葵一起料理。秋葵用烤箱烤到焦黑，以凸顯其堅果風味並降低黏稠性。這道料理可當作配菜或主菜搭配沙拉和麵包享用。

6-8 份

2 湯匙 特級初榨橄欖油

450 克 秋葵，縱向對切

水

1 湯匙加 ¼ 茶匙 猶太鹽，視口味調整

450 克番薯，切 1 公分方塊

2 湯匙 鷹嘴豆蒜香美乃滋（頁 214），或市售素食 / 傳統美乃滋

¼ 杯 鬆散疊起的平葉香芹葉，切碎

1 茶匙 萊姆皮細末

2 湯匙 新鮮萊姆汁

1 湯匙 哈里薩辣醬（harissa），視口味調整

½ 茶匙 紅椒粉 / 西班牙辣味紅椒粉

2 杯 降溫煮熟豇豆（可用眉豆 / 黑眼豌豆 / 其他南方豇豆代替），瀝乾

1. 烤箱預熱至 230ºC，放入帶邊大烤盤一起預熱。
2. 烤箱預熱完畢後，淋上 1 湯匙橄欖油，將秋葵切面朝下放入烤盤。再淋上剩餘 1 湯匙的油，烤至深褐色，切面帶點焦黑，約 15-20 分鐘。放涼後切成一口大小。
3. 烤秋葵的同時，用中型湯鍋將水煮滾，加入 1 湯匙鹽和番薯，煮至軟化，約 5-10 分鐘。瀝乾降溫。
4. 在大碗中拌勻蒜香美乃滋、香芹、萊姆皮、萊姆汁、哈里薩辣醬、紅椒粉、剩餘 ¼ 茶匙鹽。拌入豇豆、番薯、秋葵。試吃，視情況再加點鹽和哈里薩辣醬。冰鎮 / 常溫享用。

斑豆墨西哥玉米餅沙拉

這道沙拉改良自我媽媽做的「德州沙拉」。在德州西部長大的時候，她會在特別的日子做這道沙拉。油醋醬放入密封容器，可冷藏保存至多 1 週。為了省時間，不妨用最喜歡的市售墨西哥玉米片，不用自己動手煎。玉米餅煎過可放入密封容器，室溫保存最多 3 天。

6 份

香菜油醋醬（約 ¾ 杯）

¼ 杯 鬆散疊起的新鮮香菜葉，略切

¼ 杯 特級初榨橄欖油

¼ 杯 芥花油

¼ 杯 紅葡萄酒醋

1 瓣 大蒜，略切

1 茶匙 糖

½ 茶匙 細海鹽，視需求調整

沙拉

½ 杯 花生油，用來煎 6 張（6 吋）玉米餅

12 杯 鬆散疊起的撕碎蘿蔓心葉

3 杯 煮熟 / 無鹽罐頭斑豆（兩罐，425 克 / 罐），瀝乾沖洗

6 根 青蔥，斜切細絲

1 杯 香料豆腐費達起司（頁 217），或喜歡的素食 / 乳製費達起司，捏碎

¾ 杯 油漬風乾蕃茄，切片

1 製作油醋醬：將香菜、橄欖油、芥花油、醋、大蒜、糖、鹽放入果汁機，打到滑順。試吃，視情況再加點鹽。

2 製作沙拉：在盤子中鋪上餐巾紙。

3 把花生油倒入大型平底鍋，以中火加熱至微冒泡。放入 2-3 片墨西哥玉米餅（或是放得下的數目），每面煎到酥脆金黃，約 1-2 分鐘。用夾子夾起玉米片，瀝乾多餘的油，放入備用餐盤。以相同方式，分批處理剩餘玉米餅。冷卻後剝成一口大小。

4 將玉米餅、萵苣、豆子、青蔥、費達起司、番茄、½ 杯油醋醬於大碗中拌勻。若想要可加入剩餘 ¼ 杯油醋醬，或保留作其他用途。立即享用。

3

湯品、燉菜、湯品配菜

豆子可以做出非常美味的湯品和燉菜，特別是使用乾燥的豆子，因為煮豆水本身便是很美味的湯。這個章節的篇幅最長是有原因的：豆子愛高湯，高湯愛豆子。

喬治亞燉腰豆佐玉米餅和醃白菜

喬治亞人熱愛豆類，特別會使用藍葫蘆巴（blue fenugreek/utskho suneli，帶點苦味的香草，是喬治亞料理很重要的食材）、香菜、蒔蘿、薄荷等新鮮香草，搭配玉米餅（mchadi）享用。這份食譜的混搭手法是我向華盛頓特區 Supra 餐廳的二廚阿妮．坎德拉基（Ani kandelaki）和 Maydan 餐廳的大廚傑拉德．艾迪森（Gerald Addison）學來的。雖然我很喜歡 Supra 餐廳用麵餅和醃白菜當作燉鍋配菜的組合，但可以保證的是，搭配任何穀物和清脆的芝麻菜/其他帶有苦味的綠葉沙拉，也一樣美味。

6 份

醃白菜

1 杯 蘋果醋/紅葡萄酒醋，或兩者混合

水

2 茶匙 香菜籽

1 茶匙 猶太鹽

1 茶匙 糖

½ 顆 紫甘藍，切 1 公分

3 瓣 大蒜

喬治亞燉腰豆（LOBIO）

2 湯匙 葵花油/其他中性植物油

½ 顆 大洋蔥，切碎

3 瓣 大蒜，切片

1 湯匙 藍葫蘆巴粉（blue fenugreek），可用 1 茶匙葫蘆巴粉代替

1 茶匙 阿勒坡辣椒（Aleppo pepper），可用安丘辣椒（ancho chile）代替

1 茶匙 香菜粉

1 茶匙 猶太鹽，視口味調整

3 杯 煮熟/無鹽罐頭紅腰豆（兩罐，425 克/罐），瀝乾沖洗

1½ 杯 煮豆水/水

½ 杯 切碎香菜葉與軟莖，另備裝飾

¼ 杯 切碎蒔蘿葉，另備裝飾

¼ 杯 切碎薄荷葉，另備裝飾

玉米餅

1 杯 快煮墨西哥玉米粉（masa harina），可另備更多

1 茶匙 猶太鹽

熱水

1. 製作醃白菜：將醋、1 杯熱水、香菜、鹽、糖於大型湯鍋煮開。加入白菜和大蒜煮 2 分鐘，離火。裝入大玻璃罐，將大白菜壓緊，使湯汁覆蓋其表面。冷卻的同時，製作喬治亞燉腰豆和玉米餅。可立即食用，或放入密封容器冷藏保存至多 2 週。

2. 製作喬治亞燉腰豆：於大型平底鍋注油，以中火加熱至微冒泡，拌入洋蔥和大蒜，炒至呈淺褐色，約 8 分鐘。拌入藍葫蘆巴、阿勒坡辣椒、香菜、鹽，至香氣釋出，約 30 秒。拌入豆子與煮豆水，至豆子熱透，約 2 分鐘。使用大叉子/搗泥器將一半的豆子壓成泥，若需要可加一點煮豆水，使其變得滑順，但不要太濕。關火，拌入香菜、蒔蘿、薄荷。試吃，視情況再加點鹽。罩住保溫。

3. 製作玉米餅：於小碗將玉米粉和鹽混勻。倒入 ¾ 杯熱水，打成麵糰。質地帶有一些黏性，但不要過黏或過濕。若太乾可加點水；太濕可加點玉米粉。將麵糰塑形成圓盤狀，切成四份，用手將每份拍成直徑 10-13 公分圓形，厚度約 0.6 公分，或稍微更厚。

4. 用中大火將大型乾平底鍋加熱至很高溫。盡可能放入最多玉米餅，但不要過擠，煎至表面硬實，帶深褐色圓點，每面約 3-4 分鐘。

5. 擺盤，將燉豆分裝至碗中，鋪上醃白菜、香菜、蒔蘿、薄荷，附上玉米餅，沾燉豆食用。

紅酒燉腰豆與蘑菇

6 份

2 湯匙 植物性 / 動物性奶油

450 克 棕色蘑菇，切 1 公分

6 大顆 紅蔥頭，縱向對切

2 根 胡蘿蔔，切 1 公分

3 瓣 大蒜，切末

2 茶匙 新鮮迷迭香，切末

½ 茶匙 猶太鹽，視口味調整

¼ 茶匙 現磨黑胡椒粒，視口味調整

1 湯匙 麵粉

1½-1¾ 杯 深色紅酒，金粉黛（Zinfandel）/ 卡本內蘇維翁（Carbernet Sauvignon）尤佳

1 湯匙 番茄糊

3½ 杯 煮熟 / 無鹽罐頭紅腰豆（兩罐，425 克 / 罐），瀝乾沖洗

有一年，我連續好幾個月每週都做了道卡提・貝斯科（Katy Beskow）的舒心法國紅酒燉牛肉，內含許多厚實蘑菇，但沒有牛肉。我大膽添加了豆子，之後就再也回不去了。豆子讓這道菜餚再次富含蛋白質，並增添滑順質地，與紅酒醬搭配，相得益彰。我喜歡使用紅腰豆，因為其天然酒紅色澤；笛豆也很不錯，能夠保留法式風格；黑豆、蔓越莓豆 / 博羅特豆（borlotti）也很適合。將燉豆淋在馬鈴薯、花椰菜、義大利玉米粥（polenta）上或搭配脆皮麵包享用。

1. 於大型煎鍋注入 1 湯匙奶油以中大火加熱。加入蘑菇拌炒至軟化，湯汁釋出並收乾至剩 ½ 杯，約 10 分鐘。將蘑菇和湯汁裝入小碗。
2. 將剩餘 1 湯匙奶油放入鍋中，拌入紅蔥頭和胡蘿蔔，炒至胡蘿蔔開始軟化、紅蔥頭微上色，約 4-5 分鐘。拌入大蒜、迷迭香、鹽、胡椒，煮至香氣釋出，約 1 分鐘，撒上麵粉，攪拌至食材裹上麵粉。
3. 倒入 1½ 杯紅酒，加入番茄糊拌勻，煮到湯汁濃稠，約 2-3 分鐘。
4. 拌入豆子、煮熟蘑菇、湯汁，煮熱，約 2 分鐘。若醬汁太濃稠，倒入額外 ¼ 杯紅酒稀釋。試吃，視情況再加點鹽和 / 或胡椒。
5. 趁熱享用。

辣味煙燻黑豆與大蕉素肉醬

熟成大蕉與黑豆在加勒比海料理中是經典的搭配，替這道料理增添一些甜味。我的版本利用黑豆和番薯做成素肉醬，靈感來自於我最喜歡的素食食譜書——吉納．漢索霍（Gena Hamshaw）的《素食 52》（*Food 52 Vegan*）。這道辣味素肉醬放入密封容器，可冷藏保存至多1週，冷凍至多3個月。

4-6 份

3 根 熟成大蕉（黃色佈滿黑點）

2 湯匙 特級初榨橄欖油

1 大顆 黃洋蔥

4 瓣 大蒜，切碎

2-3 根 奇波雷煙燻辣椒（chipotles），切碎，視喜好辣度調整

2 茶匙 孜然粉

½ 茶匙 西班牙煙燻紅椒粉

1 茶匙 猶太鹽，視口味調整

1 罐（425 克）番茄丁，烤過尤佳

3½ 杯 煮熟 / 無鹽罐黑豆（兩罐，425 克 / 罐），瀝乾沖洗

水

2 湯匙 新鮮萊姆汁，視口味調整

½ 杯 鬆散疊起的的香菜葉（若不喜歡香菜，亦可用香芹），切碎

2 大顆 熟成酪梨，切片

3 根 青蔥，切細

1 大蕉剝皮，切成 1 公分片狀，將幾片疊起，對切成半月形。

2 把橄欖油倒入荷蘭鍋 / 厚重湯鍋，以中大火加熱至微冒泡，拌入洋蔥和大蒜，炒至淺褐色，約 8 分鐘。拌入奇波雷煙燻辣椒、孜然、紅椒粉、鹽，炒至香氣釋出，約 30 秒。

3 拌入大蕉，使其裹滿調味料。加入番茄、豆子、1 杯水，煮開後轉小火，上蓋，煮至風味融合、大蕉軟化，約 15 分鐘。拌入萊姆汁和香菜。試吃，視情況再加點鹽和 / 或萊姆汁。

4 裝入不同碗中，擺上酪梨和青蔥。

烤番茄甜椒湯佐豇豆

4-6 份

900 克 番茄，切大塊

2 顆 紅甜椒，切大塊

6 瓣 大蒜

1 大顆 白 / 黃洋蔥，切大塊

¼ 杯 特級初榨橄欖油

1½ 茶匙 猶太鹽，視口味調整

½ 茶匙 現磨黑胡椒粒，視口味調整

½ 茶匙 碎紅椒片

1½ 杯 乾燥豇豆（亦可用眉豆 / 無鹽白腎豆 / 白腰豆）

水

2 杯 煮豆水

1 杯 水 / 蔬菜高湯（頁 216）

½ 杯 鬆散疊起的的薄荷葉，切碎

雪莉酒醋（Sherry vinegar，自由選擇）

糖（自由選擇）

烘烤能使番茄風味濃縮，所以使用較次級、非當季的番茄做這道湯品，依然非常美味。（若使用當地狀態最好的番茄，味道會令人瞠目結舌。）加入豇豆，味道如同小時候吃過最美味的字母義大利麵湯。可將白豆當作字母和數字義大利麵，但恐怕只能拚出不成樣的字。煮豆水使湯品更絲滑，若用罐頭豆子，便沒有這個特色了。

1 烤箱預熱至 230ºC。

2 將番茄、甜椒、大蒜、洋蔥放入大型帶邊烤盤。淋上橄欖油，撒上 1 茶匙鹽、胡椒、紅椒片。烤至番茄塌陷，邊緣呈褐色，甜椒軟化，約 45 分鐘。

3 烤蔬菜的同時，烹煮豇豆（若使用罐頭就不用煮）：於大鍋注水，蓋過豆子約 8 公分。用中大火煮滾後，調成中小火，倒入剩餘 ½ 茶匙鹽，上蓋，以微滾狀態將豆子煮透，約30-45分鐘。瀝出煮豆水備用，準備2杯，其餘留作他用。

4 蔬菜烤好後，放入空的湯鍋，開中大火。倒入煮豆水、1 杯水 / 高湯，煮開。轉成中小火，微滾煮至風味融合，約 10 分鐘。

5 加入羅勒，用手持攪拌棒將湯打到滑順。拌入豇豆，以中小火烹煮將其熱透，約 5 分鐘。試吃，視情況再加點鹽和胡椒，若喜歡可加一點醋和 / 或糖。

6 趁熱享用。

烤胡蘿蔔與白腰豆佐杏仁高湯

4-6 份

680 克 胡蘿蔔，刷淨未去皮

1 湯匙 番茄糊

2 湯匙 特級初榨橄欖油

½ 茶匙 丁香粉

½ 茶匙 安丘辣椒粉（ground ancho chile）

1 茶匙 猶太鹽，視口味調整

1¼ 杯 蔬菜高湯（頁 216）/ 市售無鹽蔬菜高湯

¼ 杯 杏仁奶

⅓ 杯 略切杏仁碎，另備 ¼ 杯上菜用

1¾ 杯 煮熟 / 無鹽罐頭白腰豆（425 克 / 罐），瀝乾沖洗

2 茶匙 新鮮檸檬汁

½ 杯 鬆散疊起的薄荷葉，切碎

我的靈感來自於洛杉磯的 Kismet 餐廳：甜胡蘿蔔綴以辣椒與溫和的丁香，與豆子（他們使用鷹嘴豆，但白腰豆能帶出我喜歡的奶油風味）一同浸入核果風味的深色高湯烘烤。可以搭配米飯或用脆皮麵包沾食。

1 烤箱預熱至 200ºC。

2 將胡蘿蔔切成 4 公分。（若想要，可切「滾刀塊」：將胡蘿蔔斜切一刀，滾半圈，以同一個角度再切一次，切成楔狀。）

3 於大型厚重的平底鍋 / 深烤盤（尺寸要夠大，使胡蘿蔔未重疊）將番茄糊、橄欖油、丁香、辣椒、鹽混合。放入胡蘿蔔，裹上一層調味料。烤至柔軟，叉子幾乎能穿透，呈褐色，約 35-45 分鐘。

4 將高湯、杏仁奶、⅓ 杯切碎杏仁倒入帶嘴量杯。

5 待胡蘿蔔烤好，撒上豆子，倒入混合高湯，放回烤箱繼續烘烤，至高湯稍微收乾，約 15 分鐘。

6 拌入檸檬汁。試吃，視情況再加點鹽。

7 將剩餘 ¼ 杯碎杏仁和薄荷葉撒在湯上，由平底鍋 / 烤盤舀出，趁熱享用。

西班牙白冷湯佐鷹嘴豆與腰果

經典的西班牙蒜味冷湯，有時候又稱作白色冷湯：用剩餘的麵包、杏仁、大蒜、水、橄欖油、醋打成泥；用我最喜愛的鷹嘴豆取代麵包（增添更多營養）；香濃的腰果取代杏仁。裝入一口烈酒杯 / 濃縮咖啡杯，當作優雅的前菜或自行取用的開胃菜，亦可裝入大碗，當作晚餐的第一道料理。

4-6 份

水

1¾ 杯 生腰果碎，另備裝飾

½ 杯 特級初榨橄欖油，另備澆淋用

⅔ 杯 煮熟 / 無鹽罐頭鷹嘴豆（425 克 / 罐），瀝乾沖洗（將汁液保留，頁 18）

½ 杯 豆水（鷹嘴豆煮豆水 / 罐頭汁液）

2 瓣 大蒜

2 湯匙 蘋果醋

½ 茶匙 猶太鹽，視口味調整

酥脆香料烤鷹嘴豆（頁 49），裝飾用

細香蔥的花和 / 或薄荷葉，裝飾用

1. 將 2½ 杯冰水、腰果、橄欖油、鷹嘴豆、豆水、大蒜、醋、鹽放入 Vitamix 等高馬力果汁機，打至滑順。若太濃稠，可分次加入少量冰水，至達到理想質地。試吃，視情況再加點鹽。
2. 冰鎮湯品，約 1-2 小時（或隔夜）。
3. 擺盤，將湯品分裝至碗中，淋上橄欖油，以腰果 / 烤鷹嘴豆裝飾，若想要亦可放上細香蔥的花和 / 或薄荷葉。

自給自足新英格蘭烤豆

8 份

450 克 鱒魚豆（Jacob's cattle），或蔓越莓豆 / 博羅特豆（borlotti）/ 斑豆等厚實豆類

水

2 片（約 8×13 公分）乾燥昆布

1 小顆 黃 / 白洋蔥，切片

¼ 杯 糖蜜

⅓ 杯 楓糖漿

2 茶匙 猶太鹽，視口味調整

2 茶匙 乾燥芥末

1 茶匙 西班牙煙燻紅椒粉

½ 茶匙 薑粉

¼ 茶匙 現磨黑胡椒粒

2 湯匙 蘋果醋，視口味調整

在姐姐蕾貝卡（Rebekah）和姐夫彼得（Peter）位於緬因州的宅第，收藏著珍妮．庫珀（Jane Cooper）的《石爐烹飪：自家牧場》（*Woodstove Cookery: At Home on the Range*）這本書。其不僅是單單有點折損，而是從第 144 頁裂成兩半，因為彼得時常使用這份食譜，在戶外用自建的麵包烤爐以柴燒烤豆。庫珀表示，這份食譜要歸功於佛蒙特州滕布里奇（Turnbridge）的萊拉．麥可格蕾格（Leila MacGregor），她說這是一份「老佛蒙特州家庭食譜」。

除了偏好使用自己種的豆子（鱒魚豆等品種特別適合這份食譜），彼得只調整了甜味劑：糖蜜用量較原食譜少，並用楓糖漿（無庸置疑）取代糖。我用的甜味劑又更少一點，加入一點醋，使風味更明亮——還有紅椒粉，模仿傳統鹽漬豬肉。依照蕾貝卡傳授的煮豆方法（後來經由〈美國實驗廚房〉證實），於第一次烹煮時放入一點昆布，有助於軟化豆子。沒錯，這道菜要烤兩次——第一次加入一點其他調味料煮到軟，再與其他香料和甜味劑非常緩慢的烘烤。若想要偷吃步，第一次烹煮可使用壓力鍋，第二次使用慢煮鍋，或兩次都使用壓力鍋，一鍋到底。更正宗的作法，可以用柴窯和 / 或陶石煮豆鍋。

1 烤箱預熱至 180ºC。

2 將豆子倒入荷蘭鍋 / 其他大型鍋子，加水蓋過約 5 公分，以中大火加熱。加入昆布，煮開後關火，上蓋，放入烤箱。烤至豆子非常軟，約 60-90 分鐘，查看一兩次，若水量不夠覆蓋豆子，再加一些水。

3 取出昆布，將溫度調降至 95 度，於鍋中加入洋蔥、糖蜜、楓糖漿、鹽、芥末、紅椒粉、薑、胡椒，烤 8 小時，至豆子軟爛入味。拌入醋，試吃，視情況再加點醋和鹽。

4 趁熱享用，可以當作配菜或淋在烤馬鈴薯上，搭配現採沙拉，體驗道地緬因州自給自足的一餐。蓋上蓋子，可冷藏保存至多 1 週，冷凍至多 3 個月。

慢煮醃蠶豆

6 份

450 克 完整（未去皮分半）乾燥小蠶豆，隔夜泡水後瀝乾

水

4 瓣 大蒜

1 湯匙 紅扁豆，挑選後洗淨（自由選擇）

1 顆 番茄，切 ¼

1 湯匙 猶太鹽

5 湯匙 新鮮萊姆汁

⅓ 杯 特級初榨橄欖油，另備澆淋用

3 湯匙 孜然粉

1 杯 鬆散疊起的平葉香芹葉，切碎

1 小顆 紫洋蔥，切碎

1 湯匙 鹽膚木（sumac）

芝麻醬，最後澆淋用

這道菜香濃而富有層次的風味，歸功於不慍不火地烹調過程，還要能夠買到通常由埃及進口的整顆小蠶豆。（我向紐約 Kalustyan's 雜貨店購買，詳見〈供應商〉，頁 222。）大顆完整的蠶豆在種皮煮軟前，早已裂開糊掉，而去皮的蠶豆則會煮成湯！蒂娜．丹妮兒（Dina Daniel）和她的廚師埃爾默．拉莫斯（Elmer Ramos）於維吉尼亞州的福爾斯徹奇（Falls Church）經營著 Fava Pot 餐廳，他們會花整天熬煮，待客人點餐時再完成料理。可當作配菜、淋在米飯上、或夾入皮塔餅，搭配鷹嘴豆泥和醃菜享用。

1. 將蠶豆倒入大型鍋子，加水蓋過約 5 公分，以中大火加熱。加入大蒜、扁豆（若喜歡）、番茄，煮開後調成小火，開蓋燉煮 12 小時，至豆子非常香濃軟爛。定時查看加水，使水面能夠覆蓋豆子。（亦可使用慢煮鍋：將食材在鍋中煮滾 10 分鐘，倒入慢煮鍋燉煮 12 小時，打開鍋蓋，再以大火煮 1-2 小時，將湯汁收至無法覆蓋豆子。亦可用直火加熱，加速收乾。）
2. 拌入鹽、3 湯匙萊姆汁、橄欖油、孜然，靜置至少 1 小時，讓豆子入味。（這時放入密封容器，可冷藏保存至多 1 週。）
3. 準備好進行最後的步驟時，將豆子倒回大鍋子，以中火加熱，用馬鈴薯搗泥器將一半的豆子壓碎。（亦可用食物調理機 / 果汁機，快速打成泥，再倒回鍋中。）
4. 豆子重新加熱時，將香芹、洋蔥、鹽膚木、剩餘 2 湯匙萊姆汁於碗中拌勻。
5. 待豆子滾燙，分裝至餐盤 / 大碗，撒上混合香芹洋蔥。淋上橄欖油和芝麻醬，即可享用。

以色列綠豆燉鍋

這道料理融合印度和以色列風味，用芝麻醬、洋蔥、菠菜、番茄燉煮綠豆——由華盛頓特區 Shouk 餐廳老闆然．諾斯巴赫（Ran Nussbacher）的母親傳授給他，進而分享給我。諾斯巴赫的母親住在特拉維夫，在高人氣的 Cafe Puaa 吃到這道料理，便受到啟發，重新演繹。諾斯巴赫說：「綠豆絕對比較偏向印度風而非中東。恰巧印度又是以色列遊客很喜歡的景點，所以我想這是融合料理。」我非常喜歡印度香料並結合豆類料理，但這道菜證明，綠豆亦可轉化成其他文化的菜餚。原版食譜需要將洋蔥快速煮過，但我喜歡多一點層次和甜味，所以花一點時間將洋蔥炒至焦糖化。

4-6 份

3 湯匙 特級初榨橄欖油

2 大顆 洋蔥，切片

1½ 杯 完整乾燥綠豆，隔夜泡水後瀝乾沖淨

水

2 大顆 番茄，切大塊

4 瓣 大蒜，切碎

5 杯 堆疊緊密的嫩菠菜，切碎

1 茶匙 猶太鹽，視口味調整

½ 茶匙 現磨黑胡椒粒

2 湯匙 新鮮檸檬汁

½ 杯 芝麻醬

1 把橄欖油倒入大型平底鍋，以中大火加熱至微冒泡。放入洋蔥，用夾子頻繁翻炒，至其軟化，約 2-3 分鐘。轉成小火繼續炒，偶爾攪拌，至洋蔥軟化變甜，呈淡褐色，約 60-75 分鐘。

2 炒洋蔥的同時，將豆子倒入大鍋，以中大火加熱。加入水，蓋過豆子約 2.5 公分。煮滾後，轉成中小火，上蓋，把豆子煮軟，約 15 分鐘。關火，讓豆子靜置，待洋蔥煮好。

3 洋蔥完成後，將煮豆水瀝出保留，豆子倒回鍋中。加入洋蔥、番茄、大蒜和煮豆水，水量快蓋過食材即可。（成品要濕潤，但非濕爛。）煮滾，轉中小火，上蓋繼續烹煮。偶爾攪拌，待番茄煮軟，就用木湯匙背面壓成泥，約 10-15 分鐘。拌入菠菜煮軟，約 2 分鐘。

4 拌入鹽、胡椒、檸檬汁。試吃，視情況再加點鹽。

5 擺盤，分裝至碗中，淋上芝麻醬。搭配鄉村麵包享用。

奈及利亞燉眉豆與大蕉

（EWA RIRO AND DODO）

這是我到非洲餐廳最愛點的料理，我的先生（他不喜歡眉豆）總是點雞肉，我則希望擁有更多！第一次做這道燉豆時，我查遍網路和烹飪書籍尋找食譜，做出來的版本跟先前吃到的相比，較清淡無味。於是我向歐若．梭蔻（Ozoz Sokoh）求助，她在拉各斯州的家中經營〈廚房裡的蝴蝶〉（Kitchen Butterfly）部落格。她讓我對塞利姆胡椒（grains of selim/African pepper/Negro pepper/Guinea pepper） 產生興趣，這種香料帶來神祕的麝香氣息和深度，如同傳統煙燻火雞或乾淡水龍蝦等菜餚的風味。我向華盛頓特區 ZK Lounge and West African Grill 餐廳的老闆──奧茵．阿金庫蓓（Oyin Akinkugbe）親自學做這道菜。她強調：務必將豆子煮到非常軟，並大膽使用棕櫚油，使菜餚呈現大地風味和偏紅色。搭配炸熟成大蕉（dodo）和米飯享用。

4 份

- 1 大顆 黃 / 紫洋蔥，切碎（約 2 杯）
- 1½ 杯 乾燥眉豆，隔夜泡水後瀝乾
- 1 片 乾燥昆布（約 8×13 公分，自由選擇）
- 1 片 月桂葉
- 水
- ½ 顆 紅椒，切碎
- 1 小顆 番茄，切碎，或 ½ 杯罐裝番茄泥
- ½-1 顆 蘇格蘭圓帽辣椒（Scotch bonnet chile），去梗去籽，切碎
- ¼ 杯 棕櫚油
- ¼ 茶匙 卡宴辣椒粉
- 1½ 茶匙 塞利姆胡椒粉（grains of selim，頁 94，自由選擇）
- 1 茶匙 猶太鹽，視口味調整
- 2 根 熟成大蕉（黃色佈滿黑點）
- 紅花油（safflower oil）/ 葡萄籽油 / 其他中性植物油，用於油炸

1 將 ½ 杯洋蔥、眉豆、昆布、月桂葉放入直火 / 電子壓力鍋，加入水，蓋過食材約 2.5 公分。加壓烹煮 20 分鐘，關火自然洩壓，眉豆應煮至軟化。打開壓力鍋，以中大火加熱，頻繁攪拌避免燒焦，至湯汁呈濃厚滑順，約 20 分鐘。

2 煮眉豆的同時，將 1 杯剩餘洋蔥、甜椒、番茄、蘇格蘭圓帽辣椒（Scotch bonnet，依喜好斟酌用量）倒入果汁機，打到滑順。

3 於大型平底鍋注入棕櫚油，以中大火加熱至融化微冒泡，放入剩餘 ½ 杯洋蔥炒軟，約 6 分鐘。拌入卡宴辣椒粉、塞利姆胡椒（若想要）和剩餘 ½ 茶匙鹽，煮至香氣釋出，約 30 秒。倒入混合甜椒泥，轉小火，偶爾攪拌煮至湯汁濃縮、顏色變深、嚐起來無生味，約 20 分鐘。

（續下頁）

奈及利亞燉眉豆與大蕉（EWA RIRO AND DODO）

（續上頁）

4 眉豆煮好後倒入含醬汁的平底鍋，若需要，加一點水稀釋。拌勻煮至風味融合，約 3-4 分鐘。試吃，視情況再加點鹽。離火，蓋上保溫。

5 製作大蕉，於餐盤鋪上餐巾紙。用水果刀將大蕉表皮縱切出淺淺開口，剝皮。將果肉縱向對切，再切成 2 公分半月型 / 斜切 2 公分薄片。撒上剩餘 ½ 茶匙鹽。

6 於中型平底鍋注油，約 1.3 公分深，以中大火加熱至微冒泡，放入大蕉（若有需要可分批處理，避免太擠），將底部煎成褐色，約 2-3 分鐘。用夾子翻面，將另外一面也煎成褐色，約 1-2 分鐘。放入備用餐盤。

7 擺盤，將豆子分裝至淺碗，大蕉放至一側。趁熱搭配米飯享用。

備註

準備塞利姆胡椒，將 8 個果莢放入平底鍋，以中大火乾煎至香氣釋出和冒煙，每面約 1 分鐘。短暫降溫後用手折斷，將光亮的種籽（苦味較重）丟棄，用香料研磨機將果莢研磨成粉。

南方烤豆

我將愛德娜·路易斯（Edna Lewis）經典著作《鄉村食物的味道》（*The Taste of Country Cooking*）中的烤豆食譜改編，並搭配由我的朋友兼同事莎拉·富蘭克林（Sara Franklin）編撰，於2018年出版《愛德娜·路易斯：與道地美國人共桌而食》（*Edna Lewis: At the Table with an American Original*）選集中的文章，發展成我的版本。我深深受到這份食譜吸引，因為其推翻了以前認為烤豆是新英格蘭特產的錯誤認知。每個生產豆類的文化，似乎都有至少一種慢煮方式，因為成品總是非常好吃。愛德娜的食譜不同於新英格蘭地區，想當然地不使用楓糖漿，而是以洋蔥和番茄增添甜味。我省略她的「鹽醃瘦五花」，改用椰子胺基酸（coconut aminos），呈現近似於肉的鮮味，並使用我鍾愛的香料：西班牙煙燻紅椒粉。搭配蔬菜沙拉和脆皮麵包享用。

6 份

450 克 乾燥白腎豆（可用白腰豆／蔓越莓豆／博羅特豆代替），隔夜泡水後瀝乾

水

1 顆 洋蔥，切碎

⅓ 杯 液態胺基酸／椰子胺基酸（可以用無麩質醬油〔tamari〕代替），視口味調整

2 湯匙 番茄糊

1 茶匙 西班牙煙燻紅椒粉

1 茶匙 現磨黑胡椒粒

1 茶匙 乾燥芥末

猶太鹽，視口味調整（若需要）

1. 烤箱預熱至 120ºC。
2. 將豆子與 4 杯水倒入厚重鍋中，以中大火煮滾後，將火調小，使豆子微滾慢煮 15 分鐘。拌入洋蔥、胺基酸、番茄糊、紅椒粉、胡椒、芥末，上蓋，放入烤箱烤至豆子非常軟、香氣釋出，約 3 小時。（不時查看，若湯汁無法覆蓋豆子，再加入一點熱水，使水面稍微淹過豆子，繼續烤。）
3. 取出豆子試吃，視情況拌入一點鹽。上蓋靜置，等待上桌。
4. 豆子蓋上鍋蓋，可冷藏保存至多 1 週，冷凍至多 3 個月。

古巴香橙黑豆

8-12 份

豆子

450 克 乾燥黑豆

1 顆 柳橙，切半

1 顆 洋蔥，切半

8 瓣 大蒜

1 顆 青椒，切 ¼

1 片（約 8×13 公分）乾燥昆布

1 片 月桂葉

2 茶匙 猶太鹽

1 茶匙 孜然粉

8 杯 蔬菜高湯（頁 216）/ 市售無鹽蔬菜高湯 / 水

索夫利特醬（sofrito）

¼ 杯 特級初榨橄欖油，另備澆淋用（自由選擇）

1 顆 黃洋蔥，切碎

3 顆 甜椒（紅 / 綠 / 橘 / 黃色混合尤佳），切碎

3 瓣 大蒜，切碎

1 根 墨西哥辣椒，去梗切碎（若想要減少辣度，可去籽）

1 茶匙 孜然粉

½ 茶匙 猶太鹽，視口味調整

¼ 茶匙 現磨黑胡椒粒

2 湯匙 番茄糊

1 湯匙 磨碎柳橙皮

¼ 杯 新鮮柳橙汁

1 湯匙 蘋果醋，視口味調整

速醃洋蔥（頁 140，自由選擇），搭配用

辣醬（自由選擇），搭配用

我在一開始把柳橙放入用壓力鍋煮好的黑豆，原因我猜和大多數美國廚師一樣：厲害又強大的傑．健治．羅培茲奧特（J. Kenji López-Alt）也在「認真吃」網站分享相同的手法。健治的作法未曾讓人失望，但我還是得因無恥地自行改造他的食譜而自首。我將他的手法與其他古巴式豆類菜餚食譜融合，其中必會使用我最愛的柳橙，再添加一些自己的風味。

1 製作豆子：於直火加熱 / 電子壓力鍋，倒入豆子、柳橙、洋蔥、大蒜、青椒、昆布、月桂葉、鹽、孜然、高湯。上蓋，加熱至高壓。若使用直火加熱壓力鍋，烹煮 40 分鐘；電子壓力鍋，則需 45 分鐘。熄火後自然洩壓。（依喜好設定，也可以用直火加熱，微滾煮 90 分鐘 / 放入 120ºC 烤箱將豆子烤軟。）

2 煮豆子同時，可以製作索夫利特醬：於大型深煎鍋注油，以中火加熱至微冒泡。拌入洋蔥、甜椒、大蒜、辣椒，炒軟，約 8 分鐘。拌入孜然、鹽、胡椒、番茄糊，炒至香氣釋出，約 30 秒。拌入柳橙皮、柳橙汁、醋，煮到風味融合，約 5 分鐘。關火，至豆子煮熟。

3 豆子完成後，取出柳橙皮、洋蔥、甜椒、昆布、月桂葉丟棄。

4 將烹煮醬汁的火力調為中火，用漏勺將豆子舀入醬汁，倒入 2 湯匙煮豆水。試吃，視情況再加點醋和鹽。

5 趁熱搭配米飯享用，擺上醃洋蔥、幾滴辣醬，若想要可淋上橄欖油。

快煮金太陽番茄鷹嘴豆綠咖哩

2 份

2 湯匙 特級初榨橄欖油

4 杯 金太陽番茄，或黃色 / 紅色的櫻桃番茄 / 葡萄番茄

½ 茶匙 猶太鹽，視口味調整

¼ 茶匙 現磨黑胡椒粒

1 茶匙 馬德拉斯咖哩粉（Madras curry powder）

1¾ 杯 煮熟 / 無鹽罐頭鷹嘴豆（425 克 / 罐），瀝乾沖洗

4 杯 鬆散疊起、帶辛辣味的嫩葉蔬菜，如水菜（mizuna）/ 芥菜 / 芝麻菜（arugula）/ 綜合蔬菜

蔬菜高湯（頁 216）/ 市售無鹽蔬菜高湯 / 水（若需要）

若冰箱有當季蔬菜和煮熟的豆子，可以做這道料理當晚餐。可自由選擇淋在米飯或其他穀物上。

1 於大型平底鍋注入橄欖油，以中大火加熱至微冒泡，加入番茄，煮至微褐色、果皮裂開，約 5 分鐘。用叉子 / 馬鈴薯搗泥器將其壓碎，調成中火，拌入鹽、胡椒、咖哩粉再煮 30 秒。

2 拌入鷹嘴豆和蔬菜，至蔬菜煮軟，約 1 分鐘。試吃，視情況再加點鹽。若看起來太乾，可加一點高湯。趁熱享用。

香濃印度黑扁豆燉鍋
（DAL MAKHANI）

每當我跟先生在華盛頓特區幾家喜歡的餐廳吃印度料理時，他都點奶油雞，而我一定會點這道菜——風味深層，帶有放縱的奶油滑順口感，讓人完全無法抵擋。我的朋友烏岱・頌尼（Udai Soni）的母親內哈（Neha），她把自己的食譜送給我，並強調這也是烏岱的最愛。傳統版本和內哈的食譜都使用大量鮮奶油和椰漿，這樣才好吃。我用椰子片當作創新裝飾。在不錯的印度市場都可以找到黑扁豆奶油燉鍋香料（dal makhani masala）和豆子。

6 份

¼ 杯 完整印度黑豆（black urad）/ 扁豆，挑選後洗淨

¼ 杯 印度大紅豆（rajma）/ 紅腰豆

¼ 杯 鷹嘴豆（chana dal）/ 去皮黃鷹嘴豆

水

1 小顆 紫洋蔥，切大塊

3 湯匙 芝麻油（未烘培）/ 其他中性植物油

1 茶匙 新鮮薑泥

1 瓣 大蒜，切碎

2 茶匙 黑扁豆奶油燉鍋香料（dal makhani masala，或印度混合辛香料〔garam masala〕）

1½ 茶匙 香菜粉

1 茶匙 猶太鹽，視口味調整

¼-½ 茶匙 紅辣椒粉（喀什米爾紅辣椒粉〔Kashmiri〕尤佳），視口味調整

¼ 茶匙 薑黃粉

½ 杯（120 毫升）番茄泥

¼ 湯匙 無鹽植物性 / 動物性奶油

⅔ 杯（160 毫升）椰漿

1 杯 無糖乾燥椰子片，裝飾用

½ 杯 鬆散疊起的香菜葉，切碎，裝飾用

1. 將印度黑豆、印度大紅豆（rajma）、鷹嘴豆放入大量水中，隔夜浸泡後瀝乾。
2. 將豆子倒入直火加熱 / 電子壓力鍋，加水蓋過豆子約 5 公分。若使用直火加熱鍋，升壓後烹煮 25 分鐘；使用電子鍋則需 30 分鐘。熄火後自然洩壓。此時豆子應該已經煮軟。（亦可依喜好用直火加熱，微滾煮 90 分鐘，至豆子煮軟。）
3. 煮豆子的同時，將洋蔥用食物調理機打成滑順果泥。
4. 於大型平底鍋注油，以中大火加熱至微冒泡，倒入洋蔥泥，偶爾攪拌，至洋蔥開始變乾，底部呈褐色，約 5-8 分鐘。拌入薑、大蒜、香料、香菜、鹽、辣椒粉、薑黃，至香氣釋出，約 30 秒。拌入番茄泥，偶爾攪拌，煮至食材底部呈褐色，約 10 分鐘。
5. 豆子煮好後，將番茄和其他食材倒入壓力鍋，加入奶油和椰漿。開蓋，以中大火將內容物煮滾，經常攪拌，將鍋底的食材刮起，避免燒焦。收汁，將食材煮到濃稠，約 20 分鐘。（可能會需要防濺板！）
6. 燉豆收汁的同時，將椰子放入大型平底鍋以中大火乾煎，偶爾攪拌，至呈淺褐色，約 5 分鐘。
7. 擺盤，用椰子和香菜裝飾，趁熱搭配印度烤餅 / 米飯享用。

拉洛的花生豆佐公雞嘴醬

4 份主菜 / 8 份配菜

1 顆 白洋蔥

450 克 乾燥蔓越莓豆 / 博羅特豆（borlotti，亦稱花生豆），隔夜泡水

2 瓣 大蒜

水

2 湯匙 特級初榨橄欖油

2 顆 大番茄，切碎

2 根 乾燥安丘辣椒（ancho）/ 瓜希柳辣椒（guajillo chiles），去梗去籽，切絲

1 茶 匙猶太鹽，視口味調整

公雞嘴醬（pico de gallo，約 2 杯）

2 顆 羅馬（李子）番茄，切碎

⅓ 杯 紫洋蔥，切小丁

½ 根 聖納羅辣椒（serrano chile），去梗去籽，切丁

1 湯匙 特級初榨橄欖油

¼ 杯 新鮮萊姆汁

½ 杯 鬆散疊起的香菜葉

½ 茶匙 猶太鹽，視口味調整

墨西哥市的大廚愛德華多．拉洛．加西亞（Eduardo "Lalo" Garcia）其煮豆祕方非常簡單，就是花很長時間將豆子煮到超級軟，加入自己的調味料——由洋蔥、大蒜、番茄、乾辣椒製成的索夫利特醬（sofrito），再煮滾半小時，使風味融合同時濃縮湯汁。這是我吃過最簡單，層次卻又最豐富的豆類料理，更別說料理方式單純。公雞嘴醬（pico de gallo）增添一點新鮮風味與鬆脆口感。搭配玉米餅享用。

1 將洋蔥對切，一半保持完整放入大鍋，另一半切碎備用。

2 於鍋中倒入豆子、1 瓣大蒜，加水蓋過豆子約 8 公分，以大火煮滾後，轉成最小火，上蓋，把豆子煨軟，約60-90分鐘。

3 把剩餘的大蒜切碎。

4 煮豆的同時，製作索夫利特醬（sofrito）：於中型炒鍋注油，開中火。加入備用碎洋蔥、大蒜，將洋蔥煮軟，約 5 分鐘。加入番茄、辣椒，煮至番茄表皮破裂、釋出湯汁、果肉軟爛，湯汁近乎收乾，約 10 分鐘，離火。

5 豆子煮軟後，拌入索夫利特醬。調成大火，開蓋繼續烹煮，至豆子非常軟爛，三分之一的湯汁收乾，但燉豆仍如同湯品，約 30 分鐘。拌入鹽，試吃，視情況再加點鹽。

6 煮豆的同時，製作公雞嘴醬（pico de gallo）：在調理碗拌勻番茄、洋蔥、辣椒、橄欖油、萊姆汁、香菜、鹽。試吃，視情況再加點鹽。

7 豆子煮好後，分裝至淺碗，淋上公雞嘴醬。趁熱搭配玉米餅享用。

8 豆子蓋上蓋子，可冷藏保存至多 1 週，冷凍至多 3 個月。

味噌蔓越莓豆與蒲公英葉和茴香

4 份主菜 / 6 份配菜

1 把 蒲公英葉

¼ 杯 特級初榨橄欖油

1 顆 黃洋蔥，切碎

4 瓣 大蒜，切碎

¼ 茶匙 猶太鹽，視需求調整

¼ 茶匙 碎紅椒片

3 杯 煮熟蔓越莓豆 / 博羅特豆（borlotti），加 1½ 杯煮豆水

2 湯匙 白味噌

1 顆 茴香球莖，切碎，另備切碎茴香葉，裝飾用

這份食譜的靈感來自於洛杉磯 Kismet 餐廳，運用發酵蕪菁葉製成的配菜。我知道新鮮葉菜也能有同樣的效果，但我喜歡蒲公英葉特有的大地苦味，帶有辣味的芝麻菜和芥菜也很適合，配上我最愛又富有鮮味的萬用食材──味噌。能和米飯或其他穀物做成主菜，亦或當作配菜，放在吐司上也非常美味。請注意，許多其他種類的豆子也很適合這份食譜，但我的首選是白腰豆、笛豆、大白豆。若想要用罐裝豆子，請先沖淨瀝乾，使用蔬菜高湯取代煮豆水。

1. 把蒲公英葉的莖切開，兩者各自切碎，分開放。
2. 於大型煎鍋注入橄欖油，以中火加熱至微冒泡，加入蒲公英的莖、洋蔥、大蒜、鹽，偶爾攪拌至食材非常軟，約 10 分鐘。拌入紅椒片，至香味釋出約 30 秒。加入蒲公英葉，炒至萎縮，約 2-3 分鐘。
3. 加入豆子和煮豆水，調成中小火，上蓋，煮 10-15 分鐘，至豆子完全煮熟，風味融合。將 ¼ 杯煮豆水舀入小碗，和味噌拌勻，再倒回豆子的鍋中。
4. 試吃，視情況再加點鹽。（味噌有鹹味，可能不需要再加鹽。）
5. 撒上切碎茴香和茴香葉，即可上桌。

印度紅腰豆
（RAJMA DAL）

我的朋友烏岱・頌尼（Udai Soni）跟我說，過去在倫敦近郊地區長大的時候，每到週日他和所有來自北印度的家庭，都會煮這道料理當午餐，剩餘的當晚餐。這份食譜經過他的核准——因為源自他的母親內哈（Neha）。搭配印度烤餅和／或米飯享用，亦可放在吐司上當作小點。隔夜加熱後，風味更佳。

8 份

1¼ 杯 乾燥紅腰豆（red kidney beans/chitra rajma），洗淨以含 1 茶匙猶太鹽的水隔夜浸泡

水

3 大顆 紫洋蔥，切大塊

5 湯匙 芝麻油（未烘烤）/ 其他中性植物油

1 罐（425 克）番茄泥

1 湯匙 香菜粉

1 茶匙 新鮮薑泥

1 茶匙 猶太鹽，視口味調整

½ 茶匙 紅辣椒粉（喀什米爾紅辣椒粉〔Kashmiri〕尤佳）

½ 茶匙 薑黃粉

½ 杯 鬆散疊起的香菜葉，裝飾用

1. 瀝乾豆子。將豆子倒入直火加熱 / 電子壓力鍋，加水蓋過豆子約 5 公分。升壓後將火力調成中火。若使用直火加熱鍋，升壓後烹煮 10 分鐘；使用電子鍋，則需 15 分鐘。待鍋子自然洩壓後，打開鍋蓋。瀝乾豆子，保留約 2 杯煮豆水備用。
2. 將洋蔥用食物調理機打成滑順泥狀。
3. 於大型平底鍋注油，開中大火，拌入洋蔥泥。偶爾攪拌，至洋蔥開始變乾，底部呈褐色，約 20 分鐘。拌入番茄泥、香菜、薑、鹽、辣椒粉、薑黃。煮至食材底部開始呈褐色，油脂釋出，約 10 分鐘。
4. 將洋蔥等食材倒入壓力鍋，加入瀝乾豆子與 2 杯備用煮豆水。以小火加熱升壓，若使用直火加熱鍋，升壓後烹煮 30 分鐘；使用電子鍋，則需 40 分鐘。熄火後自然洩壓。
5. 用香菜裝飾，趁熱上桌，搭配印度烤餅 / 米飯享用。

突尼西亞湯佐鷹嘴豆、麵包、哈里薩辣醬

這道湯品的美妙香氣能夠撫慰人心，搭配勁辣的哈里薩辣醬帶來活力。我第一次做的傳統版本，是依照安妮莎·哈魯（Anissa Helou）的《盛宴》（*Feast*）食譜書，我非常喜歡這道菜的深層風味和飽足感（來自麵包）。然而，我還是忍不住依照我的口味，做了一點變化：將部份鷹嘴豆打成泥，再加回湯中，使湯的質地更滑順，灑上一點烤鷹嘴豆，使口感更豐富。

6 份

1½ 杯 乾燥鷹嘴豆，隔夜泡水後瀝乾

水

¼ 杯加 3 湯匙 特級初榨橄欖油，另備澆淋用

2 片 月桂葉

1 片（約 8×13 公分）乾燥昆布

230 克 鄉村麵包

1 杯 洋蔥，切碎

6 瓣 大蒜，切碎

2 湯匙 孜然粉，另備上菜用

1 茶匙 猶太鹽

1 湯匙 番茄糊

2-3 湯匙 哈里薩辣醬

3 湯匙 新鮮檸檬汁

½ 杯 平葉香芹，切碎，裝飾用

1 湯匙 細磨檸檬皮，裝飾用

½ 杯 酥脆香料烤鷹嘴豆（頁 49，自由選擇），裝飾用

1 將鷹嘴豆、5 杯水、1 湯匙橄欖油、月桂葉、昆布放入荷蘭鍋 / 厚重湯鍋，開大火煮滾，再繼續煮幾分鐘，轉成中小火，上蓋，把鷹嘴豆煮軟，約 1 小時。

2 烤箱預熱至 200ºC。

3 煮鷹嘴豆時，把麵包切厚片，撕成一口大小。平鋪至大型帶邊烤盤，烤到酥脆，表面呈淡褐色，約 10 分鐘。取出麵包，放在鍋中冷卻。

4 將另外 2 湯匙油倒入大型平底鍋，以中大火加熱至微冒泡，拌入洋蔥和大蒜，炒至褐色，約 6-8 分鐘。拌入 1 湯匙孜然、鹽、番茄糊，炒至香氣釋出，約 30 秒，關火。

5 鷹嘴豆煮軟後，取出月桂葉和昆布丟棄。用漏勺將 2 杯鷹嘴豆舀入果汁機，用量杯取 ½ 杯鷹嘴豆煮豆水，倒入果汁機，加入剩餘 ¼ 杯橄欖油，將食材打成泥。把果泥倒回湯中，拌入平底鍋中的洋蔥等食材，盡量把鍋中的汁液都倒入。若湯看起來太濃稠，加一點水，調成喜歡的濃度。拌入 1 湯匙哈里薩辣醬與檸檬汁。試吃，視情況再加點鹽。

6 擺盤，將麵包均分至湯碗，每份加上一小勺哈里薩辣醬（若想吃辣一點，可以多加一點），用大湯匙舀入湯品。若想要，可用香芹、檸檬皮、烤鷹嘴豆裝飾。趁熱享用。

7 豆子蓋上蓋子，不加麵包，可冷藏保存至多 1 週，冷凍至多 3 個月。

紐澳良紅豆飯

8 份

豆子（8 杯）

3 湯匙 特級初榨橄欖油

1 小顆 黃 / 白洋蔥，切碎

1 顆 青椒，切碎

1 根 芹菜梗，切碎

2 茶匙 無鹽克里奧爾香料粉（Creole seasoning）

1 茶匙 西班牙煙燻紅椒粉

450 克 乾燥紅腰豆，隔夜泡水後瀝乾沖淨

5 杯 蔬菜高湯（頁 216）/ 市售無鹽蔬菜高湯 / 水，視需求調整

1 片 月桂葉

1 片（約 8×13 公分）乾燥昆布

2 茶匙 醬油 / 無麩質醬油（tamari），視口味調整

2 茶匙 塔巴斯科辣椒醬（Tabasco）/ 其他喜歡的辣醬，視口味調整，另備上菜用

1 茶匙猶太鹽，視口味調整

米飯（6 杯）

1 湯匙 葡萄籽油 / 其他中性植物油

1 大顆 黃洋蔥，切丁

2 湯匙 無鹽植物性 / 動物性奶油

1 片 月桂葉

1 茶匙 猶太鹽

2 杯 茉莉香米

3 杯 蔬菜高湯（頁 216）/ 市售無鹽蔬菜高湯 / 水

1 杯 切碎細香蔥，上菜用

紅豆和米飯是紐奧良的名菜。可回溯到十六世紀的歷史，當時說法語的海地人到達當地，根據豆子公司 Camellia（販售非常優質的產品，值得一訪）表示，這道菜便成為週一必吃的傳統。因為週一是洗衣日，而當時洗衣服不僅僅是把衣服丟進洗衣機而已。當地的婦女習慣將週日剩餘的肉類混入一鍋紅豆，慢燉一整天，便可以有時間洗衣服。如今，許多紐澳良人週一仍會大啖紅豆和米飯。Saba 餐廳的艾蜜莉（Emily）和艾隆・夏亞（Alon Shaya）幾乎每週都會料理兩鍋豆子：一鍋有肉，一鍋沒有，並邀請當地的居民，搭配沙拉享用。艾蜜莉的素食版本秘訣就是：風味十足的蔬菜高湯、煙燻紅椒粉和醬油。我加入一小塊昆布，幫助豆子軟化，和一些克里奧爾香料粉（Creole seasoning）。

1 製作豆子：把橄欖油倒入荷蘭鍋 / 厚重湯鍋，以中火加熱至微冒泡。加入洋蔥、甜椒、芹菜，拌炒至洋蔥呈透明，約 4-5 分鐘。拌入克里奧爾香料粉和紅椒片，炒至香味釋出，約 1 分鐘。

2 加入豆子、高湯（必要的話加多一些，水面要蓋過豆子約 2.5 公分）、月桂葉、昆布。開大火煮滾，調成中大火，讓豆子繼續滾 10 分鐘，轉成小火，上蓋，煮至豆子軟化、快要裂開，約 4-5 小時。偶爾查看，若需要再加一些高湯，使高湯能覆蓋豆子。

3 拌入醬油、塔巴斯科辣椒醬、鹽。試吃，視情況再加點醬油和塔巴斯科辣椒醬。若想讓豆子更滑順，可用木湯匙 / 馬鈴薯搗泥器，將一些豆子抵著鍋邊壓碎，或使用手持式果汁機，迅速地將鍋內部分豆子打成泥。（亦可舀起約一杯豆子，用果汁機打成泥，再倒回鍋中。）

4 製作米飯：把葡萄籽油倒入大型煎鍋，開中大火。加入洋蔥、奶油、月桂葉、鹽，翻炒至洋蔥軟化，約 6-8 分鐘。拌入米飯，使其充分混合。再倒入高湯，待食材煮滾後，轉小火，上蓋，烹煮 15 分鐘。關火，讓米飯靜置至少 10 分鐘，開蓋，將其拌鬆。

5 將豆子裝入碗中，於中央盛入一杓米飯，撒上細香蔥。另備塔巴斯科辣椒醬讓大家取用。

黑豆湯佐香料餃子

6 份

香料玉米餃（MASA DUMPLINGS，約 24 顆）

1 杯 快煮墨西哥玉米粉（masa harina），可另備更多

½ 茶匙 猶太鹽

熱水

3 湯匙 無鹽植物性 / 動物性奶油，室溫

湯品

3½ 杯 黑豆母醬（頁 35，或對頁「備註」）

1¾-2½ 杯 煮豆水 / 蔬菜高湯（頁 216）/ 市售無鹽蔬菜高湯 / 水

適量 猶太鹽（若需要）

1 大根 乾燥安丘辣椒（ancho chile）

2 顆 熟成酪梨，切丁

1 杯 香料豆腐費達起司（頁 217），或市售素食 / 乳製費達起司，捏碎

½ 杯 鬆散疊起的香菜葉

½ 杯 烤南瓜籽

2 顆 萊姆角

另一種可以用母醬（頁 35）製作的料理，就是這道美妙的墨西哥湯品，由華盛頓特區的大廚克里斯汀·伊拉比安（Christian Irabién）創作，加入簡單的墨西哥玉米香料餃（chochoyotes），讓人備感滿足。若想要，亦可用撕碎的玉米片取代，這樣口感又會不同。

1 製作香料餃：把玉米粉和鹽放入桌上型攪拌機，裝好攪拌槳（亦可用大碗和手持攪拌器。）以低速啟動，慢慢倒入 ¾ 杯熱水，至食材成團，麵團應呈濕潤帶點黏性，不要太黏或太乾。若太黏，可以撒一點玉米粉，繼續打勻；若太乾，加入約一湯匙熱水，繼續打勻。待麵團近乎完成後，調成中高速，加入一小塊奶油，至完全融入麵團後，再加入一小塊。待奶油全部融入，調成高速，再打一分鐘，至麵團變得非常蓬鬆。查看麵團是否還保有一點黏性，但不要太黏或太乾，若需要，加入一點水調整。

2 捏下約 1 湯匙大小麵團（若有秤，更精確是約 14 克），把麵團揉成球狀，用拇指在中央壓出一個凹陷（有助於麵團受熱更均勻）。

3 於中型湯鍋中倒入鹽水煮開，將火力轉弱，保持微滾。（太滾會讓玉米餃破碎。）放入玉米餃，煮至餃子浮起，約 2 分鐘。用漏勺把玉米餃撈入碗中。

4 製作湯品：將母醬和 1¾ 杯煮豆水倒入大型湯鍋，以中火加熱。質地如同滑順湯品，不要太濃或太稀，必要時再加點煮豆水。試吃，視情況再加點鹽。（母醬本身有鹹味，可能不用額外加鹽）。轉成小火，蓋上鍋蓋保溫。

5 於乾燥小型平底鍋放入安丘辣椒，以中大火每面煎 1-2 分鐘，至膨脹。放入餐盤降溫，去梗，撕開去籽，用手將果肉捏碎 / 撕碎。

6 擺盤，將湯品分裝至 6 個小碗，擺上 4 顆玉米餃、酪梨丁、費達起司、香菜、南瓜籽、安丘辣椒碎片。另備萊姆角，讓大家自由取用。

備註

若趕時間且手邊沒有母醬，可將洋蔥和 1-2 瓣大蒜用橄欖油煎，加入三罐（425 克 / 罐）瀝乾沖洗黑豆，再加入 2-3 杯蔬菜高湯、1 茶匙孜然粉、適量猶太鹽，用果汁機打成泥。

蒜香美國白豆佐球花甘藍搭吐司

6 份

2 杯 乾燥美國白豆（亦可用白腎豆 / 白腰豆 / 其他白豆），隔夜泡水後瀝乾

水

1 顆 洋蔥，插入 12 根丁香

2 大根 胡蘿蔔

1 片（約 8×13 公分）乾燥昆布

3 片 月桂葉

3 湯匙 特級初榨橄欖油

1 大顆 球花甘藍，切 2.5 公分

6 瓣 大蒜，切碎

1 茶匙 猶太鹽，視口味調整

¼ 茶匙 現磨黑胡椒粒

6 厚片 鄉村酸種麵包，微烤過

1 湯匙 辣椒油（自由選擇）

¼ 杯 素食 / 傳統帕瑪森乾酪，刨成絲狀 / 片狀

蘭尼・魯梭（Lenny Russo）是著有《心靈之地》（*Heartland*）的作家兼大廚，他將豆子搭配帶有苦味的蔬菜，非常美妙與讓人滿足。我的版本以風味豐富的煮豆水取代高湯。我非常愛用這道料理搭配吐司當作一餐。

1 將豆子倒入大型鍋子，加水蓋過豆子約 5 公分。加入洋蔥、胡蘿蔔、昆布、月桂葉，以中大火將食材煮滾。煮滾 5 分鐘後，將火力調小，使湯汁微滾，上蓋，煮至豆子非常軟爛，約 1 小時。（亦可將豆子、水、香料蔬菜放入直火加熱 / 電子壓力鍋。加熱至高壓。若使用直火加熱壓力鍋，烹煮 17 分鐘；使用電子壓力鍋，則需 20 分鐘。待自然洩壓後，打開鍋蓋。）

2 將洋蔥、胡蘿蔔、昆布、月桂葉丟棄，豆子瀝乾，保留煮豆水備用。

3 於深煎鍋注入橄欖油，以中火加熱至微冒泡。拌入球花甘藍，炒至非常軟，約 8 分鐘。拌入大蒜，炒至軟化，約 2 分鐘。拌入瀝乾豆子、1½ 杯備用煮豆水、鹽。煮至豆子滾燙，風味融合，約 2-3 分鐘。拌入胡椒，試吃，視情況再加點鹽。

4 將吐司均分至淺碗，若想要可淋上辣椒油，舀入豆子等食材和高湯。撒上帕瑪森乾酪，趁熱享用。

德州雙色燉豆
（CHILE CON FRIJOLES）

4-6 份

6 根 安丘辣椒（ancho chiles），沖淨

熱水

2 湯匙 植物油

1 大顆 黃洋蔥，切碎

4 瓣 大蒜，切碎

1 茶匙 海鹽，視口味調整

1 茶匙 現磨黑胡椒粒，視口味調整

2 湯匙 乾燥奧勒岡（墨西哥奧勒岡尤佳）

1 湯匙 孜然粉

1 茶匙 西班牙煙燻紅椒粉

230 克 乾燥紅腰豆，沖淨

110 克 乾燥黑豆，沖淨

我以前認為辣肉醬就該有其樣子：和部分德州人一樣，認為真正的辣肉醬就只有辣椒、肉加上調味料。所以這道料理原始的名字才叫做辣椒燉肉（chile con carne）。在我開始吃素之後，這個執念就消失了，並開始愛上大雜燴的素食辣肉醬：當然有豆子、番薯、番茄、玉米，偶爾還有波羅蜜。直到某天我又發現自己很想吃傳統經典辣肉醬，心想若是只把肉換成豆子，吃起來會怎麼樣呢？我將自己最愛的德州「燉腎豆」食譜拿出來──由我跟哥哥麥可共同開發，開始製作。這道料理結合紅腰豆、黑豆、以安丘辣椒為主的調味料，呈現圓潤的慢煮風味，我替許多派對都煮過這道料理。（這道料理原先要煮一整天，但使用壓力鍋取代荷蘭鍋，就變成平日晚間能完成的食譜。）搭配蘇打餅 / 玉米餅享用，若想要可以撒上切達起司絲、蔥花、酸奶。

1. 將安丘辣椒切 / 撕成約 5 公分大小，去籽去梗。放入乾燥平底鍋，以中大火烘烤約 5 分鐘，至香氣釋出，但不要烤焦。放入果汁機，加 5 杯熱水，打到滑順。

2. 用直火加熱 / 電子壓力鍋，以中火熱油至微冒泡，開蓋。加入洋蔥和大蒜，翻炒至洋蔥透明，約 5 分鐘。加入鹽、胡椒、奧勒岡、孜然、紅椒粉，攪拌煮至濃郁香氣釋出，約 1 分鐘。

3. 拌入紅腰豆、黑豆、安丘辣椒水，若需要，可加一點水，蓋過豆子約 2.5 公分。鎖上鍋蓋，加熱至高壓。若使用直火加熱壓力鍋，烹煮 45 分鐘；使用電子壓力鍋，則需 55 分鐘。待自然洩壓後，打開鍋蓋。（亦可使用荷蘭鍋：上蓋，以小火烹煮至豆子非常軟，約 4-5 小時，偶爾攪拌，若表面豆子有點乾，就加點水。）

4. 用搗泥器將一些豆子輕壓成泥，其餘的保留原形進行收汁。若需要，拌入一點水，稀釋湯汁。視口味再加一點鹽和胡椒。

5. 趁溫熱搭配所選擇的配菜享用。

燉咖哩紅扁豆佐萊姆與哈里薩辣醬

故事從 Instagram 開始：當時我看到很美味又酷炫的東西，就直接傳訊息給張貼照片的人。好在這個人是我的老友——約翰・戴爾菲（John Delpha），一位在新英格蘭的大廚。他就算在家煮菜，也持續研發有趣的菜餚。照片中引起我注意的是北非番茄蛋（shakshuka）——靈巧地用滑順的扁豆取代經典中東料理的辣番茄醬。實際上，戴爾菲是用剩餘的紅扁豆燉鍋製作這道菜，並加入萊姆、哈里薩辣醬與咖哩提升口味的明亮度。幾週後，我在晚餐聚會做這道菜，大家都讚不絕口。隔天將剩餘的燉鍋加熱，做成素食版的北非蛋，當然也放上 Instagram 與大家分享。玉米粥（grits）在表面形成一層薄膜，但內部依舊滑順，搭配香料扁豆實在舒心。

6 份

2 湯匙 特級初榨橄欖油

2 根 胡蘿蔔，切碎

2 根 芹菜梗，切碎

1 顆 黃洋蔥，切碎

10 瓣 大蒜，切碎

¼ 杯 馬德拉斯咖哩粉（Madras curry powder）

450 克 紅扁豆，挑選後洗淨

水

1 茶匙 猶太鹽，視口味調整

1 湯匙 萊姆皮細末

½ 杯 新鮮萊姆汁

2 湯匙 龍舌蘭花蜜（agave nectar）

½ 杯 鬆散疊起的新鮮香菜葉和嫩莖，切碎

1 湯匙 哈里薩辣醬（harissa），視口味調整

½ 茶匙 現磨黑胡椒粒，視口味調整

1 把橄欖油倒入荷蘭鍋 / 厚重湯鍋，以中大火加熱至微冒泡。加入胡蘿蔔、芹菜、洋蔥、大蒜拌炒，至洋蔥呈透明狀，約 10 分鐘。拌入咖哩粉，炒至香氣釋出，約 1-2 分鐘。

2 加入扁豆、鹽、6 杯水，水面需蓋過扁豆約 2.5 公分，若需要再加一點。煮滾後轉成小火，上蓋將豆子稍微煮軟，不要過軟，約 10 分鐘。拌入萊姆皮、萊姆汁、龍舌蘭花蜜，開蓋繼續煮至扁豆滑順，但非糊狀，約 5 分鐘。離火，拌入香菜、哈里薩辣醬、胡椒。試吃，視情況再加點鹽、哈里薩辣醬、胡椒。趁熱享用。

備註

製作素食北非蛋：將 3½ 杯水倒入小湯鍋，以中大火煮滾。加入 ½ 茶匙猶太鹽，倒入 1 杯普通（非粗粒 / 石磨）玉米粥（grits）。以微火不停攪拌，煮至食材濃稠，約 8-10 分鐘。將剩餘的紅扁豆倒入深平底鍋 / 湯鍋。（大小依豆子份量決定，扁豆需至少 5 公分深。）拌入水，將濃稠的扁豆稀釋成塊狀番茄醬的程度。調成中火，待扁豆糊周圍開始冒泡，挖五個洞，各自倒入約 ½ 杯玉米粥，以文火煮約 5 分鐘，至表皮凝固。趁熱享用。

新鮮小皇帝豆佐醃檸檬與奶油

2 份配菜

水

2 杯 新鮮 / 冷凍小皇帝豆（解凍）

1 湯匙 植物性奶油（發酵尤佳）/ 動物性奶油

1 湯匙 椰子腰果優格（頁 215）/ 市售椰子優格

¼ 杯 醃檸檬，瀝乾切碎

適量 猶太鹽 / 海鹽（若需要，視口味調整）

適量 粗磨黑胡椒

2 湯匙 平葉香芹葉，切碎

優格與醃檸檬的酸鹹味，搭配快煮新鮮 / 冷凍皇帝豆的香濃口感，巧妙無比。第一次吃這道菜是在我以前住處附近的 Sally's Middle Name 餐廳，目前已經歇業。當下，我便決定要在家試做。原始版本使用山羊奶油，但將發酵植物奶油與椰子優格混合，也具有同樣效果。

1 於中型平底鍋注入 ¾ 杯水，以中火加熱至微滾。加入皇帝豆，微滾後轉成中小火，上蓋將豆子煮軟，約 10-12 分鐘。

2 開蓋，用中大火將湯汁收至剩 1-2 湯匙。轉小火，拌入奶油、優格、醃檸檬。待奶油融化，即可當作醬汁。試吃，視情況再加點鹽。

3 加入胡椒和香芹，趁熱 / 常溫享用。

簡易美味醃皇帝豆

在紐約哈德遜河河谷（Hudson Valley）的一個初秋週日下午，我很喜歡的素食廚師 / 老師 / 作家──艾米．卓別林（Amy Chaplin），讓我體會到用壓力鍋製作的樸實豆料理能多讓人滿足。她選用 Rancho Gordo 的大皇帝豆（恰巧是我最喜歡的），將其隔夜浸泡，於壓力鍋中加入水和一片昆布烹煮（我也是這麼做，顯然我們是料理靈魂伴侶），然後洩壓。巧妙的技法就此開始：艾米加入鹽調味，靜置約 10 分鐘，讓豆子吸收味道。之後迅速將豆子稍微瀝乾，並和殘留的煮豆水一同倒回鍋內。她試吃一顆豆子，表示：「已經很有層次了。」但她仍然倒入一點蘋果醋、橄欖油，拌入碎紅椒片，以少許鹽調整口味，再丟入一把切碎香芹。接著攪拌、攪拌、再攪拌，創造出微酸又濃厚的醬汁，使煮熟的豆子更加完美。可搭配穀物、大量抹在吐司上，或是冷卻後淋在蔬菜上享用。

6 份

2 杯 乾燥大皇帝豆，隔夜泡水後瀝乾

1 片（約 8×13 公分）乾燥昆布

2 片 月桂葉

水

2 茶匙 猶太鹽

2 湯匙 蘋果醋

2 湯匙 特級初榨橄欖油

½ 茶匙 碎紅椒片

1 杯 鬆散疊起的平葉香芹葉，切碎

1. 將皇帝豆、昆布、月桂葉倒入直火加熱 / 電子壓力鍋，加水蓋過豆子約 5 公分。開蓋，以中大火煮滾持續 2 分鐘，撈去浮沫。鎖上鍋蓋，加熱至高壓。若使用直火加熱壓力鍋，烹煮 18 分鐘；電子壓力鍋，則需 22 分鐘。自然洩壓後，打開鍋蓋。（亦可使用大鍋，以直火加熱煮約 1 小時，至豆子軟化。）
2. 拌入鹽，讓豆子靜置 10 分鐘。取出昆布和月桂葉，快速將豆子稍微瀝乾，不要沖水或搖晃濾盆 / 篩網。趁水份尚未完全瀝乾，快速將豆子倒回鍋內。
3. 趁豆子還是熱的時候，拌入醋、橄欖油、紅椒片。試吃，視情況再加點鹽。徹底攪拌約 30 秒，完成滑順的醬汁。拌入香芹即可上桌。

紅扁豆蓉佐鹽膚木烤花椰菜

6 份

扁豆蓉

1 湯匙 葵花油 / 紅花油（safflower）/ 其他中性植物油

¼ 杯 白洋蔥，切碎

1 瓣 大蒜，切末

¼ 杯 番茄，切碎

1 湯匙 孜然粉

1 茶匙 摩洛哥香料（如北非綜合香料，ras el hanout）/ 中東巴哈拉特綜合香料（baharat spice）

½ 茶匙 香菜粉

1 茶匙 猶太鹽，視口味調整

½ 茶匙 現磨黑胡椒粒

1 杯 紅扁豆，挑選後洗淨

3 杯 蔬菜高湯（頁 216）/ 市售無鹽蔬菜高湯 / 水

2 杯 煮熟 / 無鹽罐頭鷹嘴豆（兩罐，425 克 / 罐），瀝乾沖洗

2 湯匙 無鹽植物性 / 動物性奶油

2 湯匙 新鮮檸檬汁

2 湯匙 特級初榨橄欖油

烤花椰菜

680 克 花椰菜，切小朵

2 湯匙 鹽膚木（sumac）

½ 茶匙 猶太鹽

2 湯匙 特級初榨橄欖油，另備澆淋用

芝麻醬，澆淋用

這道改良版的暖心料理很適合在家中製作，原版本中許多美好的要素來自於大廚里奇・蘭道（Rich Landau）及其位於華盛頓特區的 Fancy Radish 餐廳與費城的 V Street 餐廳的團隊所提供。這道料理的基礎是由蠶豆製成的經典埃及料理——蠶豆蓉（ful/foul）。

1 烤箱預熱至 230ºC。放入帶邊大型烤盤，一同預熱。

2 製作扁豆蓉：於荷蘭鍋 / 厚重湯鍋注入植物油，以中大火加熱至微冒泡。拌入洋蔥和大蒜，炒至上色，約 4-6 分鐘。拌入番茄、孜然、摩洛哥香料、香菜、鹽、胡椒，煮至番茄塌陷，約 2-3 分鐘。

3 拌入扁豆和高湯，煮滾。調成中小火，微滾煮至扁豆崩解軟化、湯汁濃稠，約 15-20 分鐘。拌入鷹嘴豆、奶油、檸檬汁、橄欖油，待鷹嘴豆煮熱，約 2-3 分鐘。試吃，視情況再加點鹽。關火，上蓋保溫。

4 扁豆蓉燉煮的同時，可以烤花椰菜。將花椰菜、鹽膚木、鹽、橄欖油於碗中拌勻。平鋪至預熱烤盤，將花椰菜烤軟呈褐色，約 15-20 分鐘。

5 擺盤，將豆蓉分裝至淺碗，擺上花椰菜，淋上橄欖油和芝麻醬。趁熱享用。

香茅燉日本南瓜與鷹嘴豆

4-6 份

2 湯匙 植物油

1 大顆 黃洋蔥，切碎

3 瓣 大蒜，切碎

1 根 墨西哥辣椒，去梗去籽，切碎

2 湯匙 香茅，切碎

½ 茶匙 碎紅椒片

1 茶匙 細海鹽，視口味調整

2 湯匙 新鮮薑泥

800 克 日本南瓜（kabocha）/ 其他肉質較乾的冬南瓜（請見「提要」），削皮去籽，切 1 公分

1¾ 杯 煮熟 / 無鹽罐頭鷹嘴豆（425 克 / 罐），瀝乾沖洗

1 罐（400 毫升）全脂椰奶

1 杯 蔬菜高湯（頁 216）/ 市售無鹽蔬菜高湯，視需求調整

2 茶匙 液態胺基酸 / 椰子胺基酸（可用無麩質醬油代替），視口味調整

4 杯 鬆散疊起的菠菜葉，切碎

½ 杯 香菜葉，切碎，另備裝飾

2 湯匙 新鮮萊姆汁，視口味調整

½ 杯 烤腰果，切碎

我第一次將日本南瓜放入椰奶與咖哩醬煨煮的時候，便從此愛上它了。我非常喜歡其相對乾燥的質地，能吸收汁液使每一口都富含風味。這份食譜將萬用的鷹嘴豆與東南亞香料燉煮，香氣十足。若找不到日本南瓜，可用橡實南瓜（acorn）、哈伯南瓜（hubbard）、扁南瓜（turban）等肉質較乾的冬南瓜代替。

1 於大型平底鍋注油，以中火加熱至微冒泡。加入洋蔥、大蒜、辣椒、香茅，拌炒至蔬菜軟化，約 5-6 分鐘。拌入紅椒片、鹽、薑，再煮 1-2 分鐘，至濃郁薑味釋出。

2 拌入南瓜、鷹嘴豆、椰奶、高湯、胺基酸。以大火煮開後，調成小火保持微滾狀態，上蓋，煮至南瓜軟化，約 10-15 分鐘。打開蓋子，將湯汁收汁濃稠，約 5 分鐘。分次加入菠菜，拌炒 1-2 分鐘至軟化。若看起來太濃稠，加一點高湯稀釋。

3 拌入香菜和萊姆汁。試吃，視情況再加點鹽、胺基酸、和 / 或萊姆汁。撒上腰果趁熱享用。可單吃，或淋在米飯與其他穀物上。

黎巴嫩蠶豆蓉

獲獎無數的費城大廚麥可·索洛莫諾夫（Michael Solomonov）給我這份食譜——源自於他的黎巴嫩好友，他遵循傳統每天都吃這道菜當早餐。將蠶豆隔夜泡水是關鍵，千萬不要跳過，否則無法在合理的時間內完成。另外也要盡力找到小蠶豆，會比較難找，但值得到中東市場或網路上試試。相信我，使用大蠶豆將變成災難，小蠶豆才適合。可搭配玉米餅享用。

4-6 份

½ 杯 特級初榨橄欖油

1 顆 黃洋蔥，切片

4 瓣 大蒜，切片

1 湯匙 猶太鹽

1 湯匙 孜然粉

2 茶匙 香菜粉

2 茶匙 凱莉茴香粉 / 葛縷子（caraway）

2 茶匙 現磨黑胡椒粒

¼ 杯 碎蕃茄

2 杯 完整乾燥小蠶豆，隔夜泡水後瀝乾

水

½ 杯 平葉香芹葉，切碎

1 顆 檸檬

1. 於荷蘭鍋 / 大湯鍋注入橄欖油，以中小火加熱至微冒泡。拌入洋蔥、大蒜、鹽烹，翻炒至洋蔥和大蒜變軟，尚未轉褐色，約 5-6 分鐘。拌入孜然、香菜、凱莉茴香、胡椒、番茄，煮至番茄湯汁稍微收乾，香料風味融合，約 2 分鐘。
2. 加入蠶豆和 6 杯水，煮滾。轉成小火，上蓋，煮至豆子滑順，表皮軟化，約 2-3 小時。開蓋，以中火繼續將湯汁煮到稍微收乾，風味濃厚，約 15-20 分鐘。
3. 擺盤，將豆子舀入碗中，撒上香芹，擠上檸檬汁。

漢堡、三明治、捲餅、墨西哥夾餅、披薩

本章節的菜餚不需要使用餐具，會將豆子放在麵包上（或是其他可用手拿取的澱粉類食品），證明（若需要）豆類不只能做成晚餐，還可以很有趣。

4

蘑菇腰豆漢堡

大廚布萊恩・范・埃滕（Brian Van Etten）過去在馬薩諸塞州劍橋的 Veggie Galaxy 餐廳服務時（目前任職於紐約州羅徹斯特的 Swillburger 餐廳），教我如何製作他好吃的速食漢堡。我試過許多其他食譜，但最後仍回到他的食譜——或者至少其中一個版本。口感絕佳的關鍵是：將蘑菇和豆子手動切碎混勻（用食物調理機，質地會太糊）。想當然地，我將原版食譜的豆子比例調高，並加入核桃增添更豐富的口感。先用烤箱烘烤肉排，降溫後再油炸 / 用鐵網烤。若時間不夠，成型後可以立刻下鍋炸，依然很好吃，只是不夠完美。

6 份漢堡

2 湯匙 特級初榨橄欖油

½ 大顆 黃洋蔥，切碎

3 瓣 大蒜，切碎

1 茶匙 奇波雷辣椒粉（ground chipotle chile）

2 茶匙 孜然粉

1 茶匙 猶太鹽，視口味調整

340 克 棕色蘑菇，切 1 公分丁狀

110 克 香菇，去梗，蕈傘切 1 公分丁狀

1½ 杯 煮熟 / 無鹽罐頭紅腰豆（425 克 / 罐），瀝乾沖洗，用叉子稍微壓碎

½ 杯 核桃，烘烤切碎

1 湯匙 液態胺基酸 / 椰子胺基酸 / 無麩質醬油（tamari）

¾ 杯 鷹嘴豆粉

¼ 杯 營養酵母

1 湯匙 新鮮萊姆汁

¼ 杯 植物油，另備塗抹量杯

6 塊 漢堡麵包，微烤

自選調味料 / 配菜

1. 烤箱預熱至 190ºC，將大型帶邊烤盤鋪上烤焙紙。
2. 於大型平底鍋注入橄欖油，以中火加熱至微冒泡。加入洋蔥和大蒜，翻炒至呈淺褐色，約 6-8 分鐘。拌入奇波雷辣椒、孜然、鹽，至香氣釋出，約 30 秒。加入褐色蘑菇和香菇，拌炒至香菇釋出的水分蒸發、開始上色，約 8 分鐘。將食材裝入大碗，稍微降溫。
3. 加入腰豆、核桃、胺基酸、鷹嘴豆粉、營養酵母、萊姆汁，充分拌勻。試吃，視情況再加點鹽。
4. 將 ½ 杯大小的量杯抹油，舀出六份，用沾濕的雙手捏成大餅狀，直徑約 13 公分，厚度約 1.3-2 公分。放入備用烤盤中。
5. 把肉排烤至成型，表面乾燥，約 30 分鐘，過程中要翻面。放至冷卻架冷卻。
6. （此時用保鮮膜將肉排包起來，放入密封袋可冷藏保存 1 週，冷凍保存 6 個月。料理前要完全退冰。）
7. 於大型平底鍋注入植物油，以中大火加熱至微冒泡，盡量放入所有肉餅，保留一些間距。待肉排底部呈褐色酥脆，約 5 分鐘，小心翻面，將另一面也煎至相同程度，約 4 分鐘，放入盤子。
8. 放在麵包上，搭配喜歡的調味料和配菜享用。

眉豆漢堡

12 份漢堡

450 克 乾燥眉豆，隔夜泡水後瀝乾

水

2 杯 黃洋蔥，切碎

1 湯匙 墨西哥辣椒（帶籽），切碎

3 湯匙 大蒜末

1 湯匙 猶太鹽

玉米油 / 植物油，煎炸用

¾ 杯 鷹嘴豆蒜香美乃滋（頁 214），或市售素食 / 傳統美乃滋

⅓ 杯 辣椒醬，如塔巴斯科辣椒醬（Tabasco）、路易斯安那辣椒醬（Louisiana）、是拉差香甜辣椒醬（Sriracha）

12 個 軟漢堡麵包，如布里歐麵包（brioche）/ 馬鈴薯捲，微烤

12 片 蘿蔓心 / 結球萵苣

2-3 大顆 番茄，切片

2 顆 熟成酪梨，切片

瓦拉麗．厄文（Valerie Erwin）自詡為「療癒系餐廳老闆」，當我談到自己在尋找豆類食譜時，她靈光一閃想到：油炸眉豆餅（accra / akara）。這道源自非洲的點心，過去在厄文位於費城的 Geechee Girl Rice Cafe 餐廳就曾出現過，我非常喜歡它酥脆又滑順的口感。替眉豆剝皮可能有點繁瑣，一旦越過這道障礙，其餘的步驟變非常簡單。搭配喜歡的配料，就能夠做出很美味的漢堡。我喜歡把辣椒醬混入素食美乃滋，做成調味料，淋在 1-2 片熟成番茄上，搭配一點酪梨和清脆的萵苣。亦可做成派對開胃小點，取 2 湯匙大小油炸，沾上辣味美乃滋享用。

1. 替眉豆剝皮：把眉豆放入食物調理機，瞬轉幾次至豆子稍微破裂。若需要可分批處理。倒入大碗，加水蓋過豆子，用雙手用力攪拌。待外皮浮起、豆子沉入碗底，將皮和水一起倒掉。重複步驟幾次，以去除大部分外皮。
2. 將眉豆瀝乾，約 15 分鐘，倒回食物調理機，加入洋蔥、辣椒、大蒜、鹽，打成滑順。若需要可分批處理。
3. 將泥狀食材倒入細篩網，放在碗上瀝乾 30 分鐘。（此時可放入密閉容器冷藏保存，或直接料理。）
4. 烤箱預熱至 180ºC，準備一個帶邊大型烤盤。
5. 於大型平底鍋中注入約 0.6 公分深的油，以中大火加熱。
6. 用 ½ 杯大小的量杯 / 大冰淇淋勺，小心地將 ½ 杯豆泥舀入平底鍋，用金屬量杯底部將其稍微壓成厚度約 1.2 公分的素肉排。重複相同步驟製作 1-2 塊素肉排，小心不要排太擠。待素肉排底部和邊緣呈焦糖色，約 3 分鐘，用鏟子小心翻面，將另一面也炸上色，約 3 分鐘，移至烤盤上。
7. 全部完成後，放入烤箱烤熱至 82ºC，用探針式溫度計測量，約 15 分鐘。
8. 將蒜香美乃滋和辣椒醬於小碗打勻，便可以組裝漢堡：於麵包兩個切面塗上一點辣味美乃滋，疊上萵苣葉、眉豆素肉排、番茄、酪梨。趁溫熱享用。

奇波雷辣味炸黑豆餅漢堡

我在尋找完美素食漢堡食譜的時候，突然明白：不就是已經問世很久的炸鷹嘴豆餅？將豆子先泡水，而非預煮，就可以使這類食物擺脫口感糊爛的宿命。我將泡過的豆子搭配適合的調味料——奇波雷辣椒、香菜、必備的洋蔥、大蒜，一同打碎，揉入煮熟的番薯增加黏性，再用平底鍋煎熟。成品如同你喜愛的炸鷹嘴豆餅表皮一樣酥脆，裡頭則是濕潤又不糊爛。

8 份漢堡

1 杯 乾燥黑豆，隔夜泡水後瀝乾

½ 杯 白洋蔥，切碎

½ 杯 鬆散疊起的新鮮香菜葉和嫩莖，切碎

4 瓣 大蒜，切碎

2 茶匙 猶太鹽

2 茶匙 奇波雷辣椒粉（可用 2 茶匙奇波雷辣椒醬代替）

1 杯 煮熟番薯泥

植物油，油炸用

8 個 軟漢堡麵包，如布里歐麵包（brioche）/ 馬鈴薯捲，微烤

½ 杯 鷹嘴豆蒜香美乃滋（頁 214），或素食 / 傳統美乃滋

芥末醬 和 / 或 番茄醬（自由選擇）

8 片 蘿蔓心 / 結球萵苣

2 顆 熟成酪梨，切片

1 小顆 紫洋蔥，切細絲

2 顆 番茄，切片

1. 於食物調理機加入黑豆、洋蔥、香菜、大蒜、鹽、奇波雷辣椒，打成粗粒，用手將番薯與食材混勻。
2. 分成 8 份（每份 ⅓ 杯），用手做成厚度約 1.2 公分圓餅。包上保鮮膜，冷藏至少 2 小時或隔夜。（放入密封容器，可冷藏保存至多 1 週。）
3. 炸素肉排：於大型平底鍋注入約 0.6 公分深的油，用中大火加熱至微冒泡，盡可能放入最多素肉排，但不要太滿。炸至酥脆呈深褐色，每面約 3 分鐘。放至舖有廚房紙巾的餐盤，將油瀝乾。若需要，可再加一點油料理剩餘的素肉排。
4. 疊在麵包上，搭配蒜香美乃滋和其他自選調味料與萵苣、酪梨、洋蔥、番茄。

扁豆櫛瓜櫻桃番茄肉醬邋遢喬三明治

6 份

2 湯匙 特級初榨橄欖油

1 顆 黃洋蔥，切碎

4 瓣 大蒜，切碎

1 湯匙 番茄糊

1 茶匙 安丘辣椒粉（ancho chile）

1 茶匙 猶太鹽，視口味調整

½ 茶匙 碎紅椒片

4 杯 櫻桃番茄，切 ¼

2 根 小櫛瓜，切 1.2 公分

2 杯 煮熟褐色扁豆，瀝乾沖洗

1 茶匙 紅糖 / 黑糖

6 個 凱薩麵包（kaiser rolls）/ 硬餐包，加熱，但不要烘烤

12 片 酸黃瓜

我在《吃你的蔬菜》（*Eat Your Vegetables*）中提到，自己比較喜歡烹調與食用蔬菜，不常使用素肉。但我必須承認，若要做邋遢喬三明治，用西班牙臘腸調味料製成的麵筋，就很適合。如今，我對 2013 年的自己說：「你當時究竟在想什麼？手邊的扁豆正等著讓醬汁更豐富，增添蛋白質與大地的營養。」必須不停改變，才能帶來進步。但我知道由櫛瓜和櫻桃番茄帶來的口感，及醃黃瓜的勁道是不會改變的。

1 於大型平底鍋注入橄欖油，以中火加熱至微冒泡。加入洋蔥和大蒜，炒軟，約 8 分鐘。拌入番茄糊、辣椒粉、鹽、紅椒片，爆香約 30 秒。

2 拌入櫻桃番茄和櫛瓜，煮至番茄塌陷，約 3-4 分鐘。拌入扁豆和紅糖，調高火力將食材煮滾。調成中小火，上蓋，將櫛瓜煮軟但不要糊掉、湯汁如濃稠醬汁。試吃，視情況再加點鹽，稍微降溫。

3 將麵包底分裝至六個餐盤，舀入餡料，疊上醃黃瓜和上層麵包，即可上桌。

鷹嘴豆龍蒿沙拉三明治

6 個三明治

3½ 杯 煮熟 / 無鹽罐頭鷹嘴豆（一罐 820 克 / 兩罐 425 克），瀝乾沖洗

1 根 芹菜梗，切薄片

½ 杯 核桃，烘烤切碎

¼ 杯 乾燥櫻桃，切碎

2 湯匙 龍蒿葉（tarragon），切碎

¼ 杯 鷹嘴豆蒜香美乃滋（頁 214），或素食 / 傳統美乃滋

2 湯匙 椰子腰果優格（頁 215），或素食 / 乳製優格

2 茶匙 新鮮檸檬汁

½ 茶匙 鹽，視口味調整

¼ 茶匙 現磨黑胡椒粒，視口味調整

6 個 軟餐包 / 12 片 三明治麵包

這道料理是 1980 年代素食者的午餐選擇，因為《銀色的味蕾》（*The Silver Palate Cookbook*）這本書而聲名大噪。這道菜既豐富又香濃，於口中炸出甜味並帶有酥脆口感。可以放上軟餐包 / 三明治麵包、淋在蔬菜上或搭配蘇打餅食用。

1. 於大碗將鷹嘴豆用叉子 / 馬鈴薯搗泥器壓碎，若想要可以保留一些完整的鷹嘴豆。加入芹菜、核桃、櫻桃、龍蒿，拌勻。輕柔地拌入蒜香美乃滋、優格、檸檬汁、鹽、胡椒。試吃，視情況再加點鹽和胡椒。

2. 將 ½ 杯沙拉舀入餐包底層 / 一片麵包，覆蓋上層餐包 / 麵包，剩餘的食材以同樣方式處理。

喬治亞豆餡麵包

若你吃過喬治亞起司烤餅（khachapuri），大概是指有包起司和蛋，形狀類似船的開放式版本。但在喬治亞有很多版本，其中一個單純許多，餡料只有紅腰豆（喬治亞燉腰豆，lobio），沒有開口，像是大的圓形義大利披薩餃（calzone）。我在華盛頓特區的 Supra 餐廳學習到傳統做法，但自行添加更多調味料，並使用市售披薩麵團，非傳統地加入一點費達起司，添加鹹味刺激的對比。這道料理可以當作開胃菜，或搭配沙拉當作主菜。

4 份主菜 / 8 份配菜

3 湯匙 葵花油

½ 杯 黃洋蔥，切小丁

1 茶匙 藍葫蘆巴粉（blue fenugreek，可用 ¼ 茶匙葫蘆巴粉代替）

½ 茶匙 阿勒坡辣椒（Aleppo pepper，可以用安丘辣椒代替）

1 茶匙 猶太鹽，視口味調整

2 杯 煮熟 / 無鹽罐頭紅腰豆（兩罐，425 克 / 罐），瀝乾沖洗

麵粉

450 克 市售披薩麵團，解凍後放置室溫至少 1 小時

3 湯匙 香料豆腐費達起司（頁 217），或市售素食 / 乳製費達起司，捏碎

2 湯匙 無鹽植物性 / 動物性奶油，融化

1 烤箱預熱至 260ºC。

2 於大型平底鍋注油，以中火加熱至微冒泡。拌入洋蔥，炒軟但未上色，約 6 分鐘。拌入葫蘆巴、阿勒坡辣椒、鹽，炒至香味釋出，約 30 秒。拌入紅腰豆，炒至豆子熱透，約 2-3 分鐘。關火，用叉子將鍋內的豆子壓碎，降溫。

3 於工作檯撒上少量麵粉，把披薩麵團分成兩半，分別滾成球狀。每次處理一顆麵團，塑形成約 15 公分的麵餅，將一半冷卻的豆泥舀入麵餅中央，抹成 10 公分圓形。灑上一半費達起司，從邊緣將麵皮拉起，往中間蓋過內餡，過程中同時捏折麵皮，像是製作巨型餃子，將所有的折口於中央捏緊，小心不要留下孔洞。把麵餅壓和 / 或擀成直徑約 23 公分，盡量把豆子壓到邊緣，小心不要弄破。用手指於正中央戳洞，使蒸氣逸散。重複步驟處理第二個麵團。

4 把兩塊喬治亞烤餅放入大型帶邊烤盤，表面刷上奶油，烤至成型呈褐色，約 20 分鐘。

5 讓烤餅靜置幾分鐘後，用鋒利的刀子 / 披薩刀切成四份，即可上桌。

蠶豆香檸瑞可塔起司披薩

4 份

900 克 新鮮帶莢蠶豆（可用解凍的皇帝豆代替）

¾ 杯 鬆散疊起的薄荷葉，撕碎 / 略切

½ 杯 開心果，烤過

2 瓣 大蒜，切碎

¼ 杯加 1 湯匙 特級初榨橄欖油，另備澆淋用

1 湯匙 新鮮檸檬汁

¼ 茶匙 碎紅椒片

1 茶匙加 1 撮 猶太鹽

1 杯 素食 / 乳製瑞可塔起司

450 克 市售披薩麵團，解凍至常溫

麵粉，撒粉用

粗玉米粉 / 玉米粥（grits）

1 小顆 檸檬，盡可能切薄片

新鮮蠶豆是大自然賦予春季的贈與，這款披薩將其搭配滑順的素食瑞可塔起司、檸檬片與薄荷撒在餅皮上。蠶豆以兩種型態呈現：鄉村青醬與完整的豆子。最費工的當然還是準備工作：川燙豆莢並替豆子去皮，但一切都值得。（若豆莢內的蠶豆比指甲還小，就不用勞心剝皮了！）

1 烤箱預熱至 260ºC。將烤架放在距離熱源約 15 公分處。預熱的同時，把披薩烤盤、石板、普通烤盤 / 大型鑄鐵平底鍋（底部朝上）放到烤架上，加熱至少 30 分鐘（若使用石板，最多加熱 1 小時）。

2 剝開蠶豆莢，擠出豆子。準備一大鍋滾水，倒入蠶豆，約煮 30 秒，移入一碗冰水。於表皮劃出一小道開口，擠出豆仁。約 1 杯去皮蠶豆。

3 將 ½ 杯蠶豆、½ 杯薄荷、開心果、大蒜、¼ 杯橄欖油、檸檬汁、紅椒片、1 茶匙鹽倒入食物調理機，用瞬轉打成帶大顆粒的果泥。

4 在小碗中拌勻瑞可塔起司、一撮鹽、1 湯匙橄欖油。

5 在披薩麵團和工作檯面撒上少許麵粉，在無邊烤盤 / 帶邊烤盤背面灑上玉米粉 / 玉米粥（grits），當作披薩板使用。將麵團擀或壓成約 30 公分圓餅，淋上一點橄欖油，移至備用的「披薩板」。（用力前後搖動，確保麵團能夠滑動。若無法，用手撥起沾黏處，於底下補撒一些玉米粉 / 玉米粥至能夠滑動。）於餅皮加入瑞可塔起司和青醬，擺上檸檬和剩餘蠶豆。

6 將餅皮直接滑落至預熱的披薩烤盤 / 石板 / 翻面烤盤或平底鍋，烤至開始膨脹，呈淺褐色，約 3 分鐘。將烤箱關閉改成燒烤模式，至披薩上的食材烤到開始變黑，餅皮膨起，呈褐色，出現一些微焦黑點也沒關係，視火力大小而定，約 2-3 分鐘。（若不使用燒烤模式，亦可直接用烤箱模式烤熟，約 8-10 分鐘。）

7 用夾子和「披薩板」將披薩取出，放到砧板上，撒上剩餘薄荷葉，淋上橄欖油，切開即可趁熱享用。

香菇培根與芝麻菜佐費達起司單片三明治

6 份

香菇培根

¼ 杯 特級初榨橄欖油

¼ 杯 楓糖漿漿

1 湯匙 液態胺基酸 / 椰子胺基酸 / 無麩質醬油（tamari）

1 茶匙 西班牙煙燻紅椒粉

½ 茶匙 猶太鹽

170 克 香菇，去梗，蕈傘切約 0.6 公分片狀

回鍋豆子

1 湯匙 植物油

1 小顆 洋蔥，切碎

3 瓣 大蒜，切碎

½ 茶匙 肉桂粉

½ 茶匙 孜然粉

½茶匙 安丘辣椒粉（ancho chile）

1 茶匙 猶太鹽，視口味調整

¼ 茶匙 現磨黑胡椒粒

3½ 杯 無鹽罐頭斑豆 / 黑豆（一罐 820 克 / 兩罐 425 克）與豆水

1 湯匙 新鮮萊姆汁

3 大根 有嚼勁的長麵包，如墨西哥小短棍（Mexican bolillos）/ 義大利三明治麵包捲（Italian-style sub rolls）

¾ 杯 香料豆腐費達起司（頁 217），或市售素食 / 乳製費達起司，捏碎

½ 杯 芝麻菜（arugula）

2 湯匙 新鮮萊姆汁

1 顆 成熟酪梨，切片

½ 杯 快煮煙燻紅莎莎醬（頁 216 頁）/ 自選市售莎莎醬

自由作家卡菈．愛爾德（Kara Elder）住在華盛頓特區，在我吃過她媽媽製作的墨西哥開放式豆餡船後，我到墨西哥市，便希望能找這道料理美味的家庭版本，結果大失所望。沒有任何比得上她媽媽——塔咪．愛爾德（Tami Elder）的版本。如今，只要我有剩餘的回鍋豆子（或剩餘準備再回鍋的豆子），除了墨西哥夾餅和墨西哥脆玉米餅之外，我還會做這道料理。我承認自己錦上添花，用香菇蕈傘做成有嚼勁又酥脆的「培根」，撒上萊姆汁調味過的辛辣蔬菜，還有必要的起司，我使用香料豆腐費達起司（頁 217）。

1 烤箱預熱至 190ºC。

2 製作香菇「培根」：在中型碗拌勻橄欖油、楓糖漿漿、胺基酸、紅椒粉、鹽。加入香菇，拌勻。倒入大型帶邊烤盤，烤至香菇呈褐色，扎實乾燥，約 20 分鐘。取出香菇，於烤盤內降溫，一旦冷卻後就會變得酥脆。

3 烤香菇的同時，可以製作回鍋豆子：於深的大型煎鍋注油，以中火加熱至微冒泡。加入洋蔥和大蒜，拌炒至軟化上色，約 10 分鐘。拌入肉桂、孜然、辣椒粉、鹽、胡椒，炒至香氣釋出，約 30 秒。拌入豆子和湯汁，煮滾後調小火力，以微滾狀態攪拌煮至風味融合，約 5 分鐘。用馬鈴薯搗泥器 / 叉子，將鍋內的豆子壓碎，拌入萊姆汁。豆泥的質地為濃稠可流動，但不會乾燥。若需要，可加一點水稀釋。試吃，視情況再加點鹽。

4 將烤箱調成燒烤模式，烤盤放在距離熱源約 15 公分處。

5 把每條麵包縱向對切，切面朝上放入烤盤。抹上 ½ 杯回鍋豆子，撒上費達起司。烤至豆子熱透，麵包邊緣變焦，起司轉褐色，約 5 分鐘。

6 將芝麻菜和萊姆汁於小碗拌勻。烤好的麵包鋪上香菇培根、酪梨、莎莎醬、調味芝麻菜，趁熱享用。

綠豆波菜多薩

普莉亞・阿姆（Priya Ammu）教我製作許多南印度主食，她在華盛頓特區聯合市場的小攤販 DC Dosa，以這些料理吸引了一群狂熱粉絲。首先，多薩和許多食物一樣有非常多種，每個家庭的版本都不同，有的使用不同扁豆 / 豆類，有時混入米飯和各式香料與內餡。第二，裡頭甚至可以不放餡料，搭配各式醬汁、桑巴湯或燉豆享用。最後，或許也是最重要的——可以自製。如同可麗餅，需要練習才能正確使麵糊攤平，但最糟的是成品可能不盡完美。相信我，依舊很美味。

8-10 份

2 杯 乾燥綠豆仁，浸泡 2 小時，瀝乾沖洗

2.5 公分 嫩薑，去皮切碎

2 小條 乾辣椒（喀什米爾辣椒〔Kashmiri〕尤佳）

1 茶匙 猶太鹽，視口味調整

水

1 杯 堆疊緊密的嫩菠菜，切碎

1-2 匙 葡萄籽油 / 其他中性植物油

½ 顆 黃洋蔥，切碎

1 杯 新鮮香菜葉和嫩莖，切碎

1-2 根 墨西哥辣椒，去梗去籽，切碎

香菜芝麻醬（頁 136）

番茄花生醬（頁 137）

1. 把綠豆、薑、辣椒、鹽，1½ 杯水倒入果汁機（Vitamix 等高馬力機型尤佳），打到滑順。成品質地如鬆餅麵糊，若太濃稠，加點水稀釋。（若使用傳統果汁機，可能需要多加 ½ 杯水。）拌入波菜，試吃，視情況再加點鹽，
2. 以中大火加熱可麗餅鍋 / 不沾平底鍋（大小約 11-12 吋尤佳）。若使用非不沾鍋，加入 1 湯匙的油，抹乾。
3. 用大湯匙 / 耐熱量杯，將 ⅓ 杯豆泥舀入鍋子中央。用湯匙背面 / 量杯底部，以畫同心圓方式，快速將豆泥由中間往外推平。目的是做出薄又大的多薩，確保豆泥平均抹平不會太厚，特別是邊緣。可用一點豆泥填補小洞，但要忍住，不要將太厚的區域再抹平。下次再做薄一點就好，不完美也沒關係！
4. 快速撒上 2 湯匙洋蔥與香菜、少許辣椒。淋一點油，用鍋鏟將餡料壓入豆泥。

（續下頁）

5 待多薩邊緣呈金黃色，約 1-2 分鐘，借助鍋鏟弄鬆，用手指捏起一端，果敢地翻面。若需要，可用鍋鏟將多薩弄平，下壓乾煎底部洋蔥，一分鐘後再次翻面，盛入盤子。對折或折三份，如同折商業信函。

6 趁熱上桌（若放太久，特別是疊在一起，邊緣的酥脆口感會消失）。搭配以下食譜享用：香菜芝麻醬、花生番茄醬、鷹嘴豆桑巴湯（頁 138）。剩餘的豆泥以相同方式處理。

香菜芝麻醬

這種淡綠色的辣醬很適合搭配南印度多薩。此外，也很適合在家搭配墨西哥夾餅或淋在飯上。

2 杯

½ 杯 白芝麻

水

3 杯 緊密疊起的香菜葉和嫩莖，略切

2 瓣 大蒜

1 湯匙 新鮮檸檬汁

¼ 杯 黃洋蔥，切碎

½-1 顆 哈瓦那辣椒（habanero chile）

½ 茶匙 猶太鹽，視口味調整

1 把芝麻和 ½ 杯水放入果汁機，以瞬轉將食材打勻，多數芝麻仍保持原形。再加入 ½ 杯水、香菜、大蒜、洋蔥、檸檬汁、辣椒、鹽，稍微攪拌但不要太滑順。（若打過頭，芝麻會變苦。）試吃，視情況再加點鹽。

2 立即上桌，或放入密封容器冷藏保存至多 2 週。

番茄花生醬

這道強勁又簡單的醬料，是設計來襯托普莉亞（Priya）的招牌菜，但搭配墨西哥夾餅或米飯也很美味，亦可調整濃度做成沾醬。

2 杯

2 湯匙 特級初榨橄欖油
1 湯匙 黑芥末籽
567 克 番茄，切丁
1 根 墨西哥辣椒，去梗去籽，切碎
2 湯匙 新鮮薑泥
水
1 湯匙 糖
¼ 杯 無鹽烤花生
½ 茶匙 猶太鹽，視口味調整

1 於大型平底鍋注入橄欖油，開中火。加入芥末籽，經常搖晃鍋子，至芥末籽開始爆開，約 1-2 分鐘。

2 拌入番茄、辣椒，薑，偶爾攪拌，煮至番茄塌陷、汁液變濃稠，約 5-7 分鐘。拌入 ½ 杯水和糖，偶爾攪拌，將番茄煮至很軟，約 8-10 分鐘。讓食材稍微冷卻，

3 將番茄糊刮入果汁機，加入花生和鹽，稍微攪打將食材混勻，但仍保留大塊食材。若需要，再倒入 ½ 杯水，使醬料能夠流動並保有稠度。

4 立即享用。放入密封容器，可冷藏保存至多 1 週，冷凍最多 3 個月。

鷹嘴豆桑巴湯

4-8 份

2 杯 鷹嘴豆（chana dal，乾燥去皮），沖洗乾淨

水

2 顆 羅馬（李子）番茄，切碎

½ 顆 黃洋蔥，切薄片

1 小顆 蕪菁，去皮，切 2.5 公分丁狀

½ 小顆 青椒，切 2.5 公分方塊

1 根 小 / 中型胡蘿蔔，切 1.2 公分方塊

2 湯匙 濃縮無麩質醬油

2 湯匙 桑巴香料（sambar masala）

1 茶匙 猶太鹽，視口味調整

1 湯匙 植物油

2 小條 乾辣椒（喀什米爾辣椒〔Kashmiri〕尤佳）

2 茶匙 黑芥末籽

⅛ 茶匙 阿魏（asafoetida，自由選擇）

¼ 杯 緊密疊起的香菜葉，切碎

這道印度湯品是搭配多薩的傳統料理，但也能夠當作令人滿足的輕食享用。桑巴湯通常使用紅扁豆製作，但我的朋友普莉亞．阿姆通（Priya Ammu）選擇用鷹嘴豆仁。阿魏（Asafoetida，又稱 hing / heeng）是一種傳統調味料，能增添鮮味與幫助消化。

1. 於大型湯鍋混合鷹嘴豆與 4 杯水，以中大火煮滾。調成中小火，上蓋，保持微滾狀態，煮至鷹嘴豆稍微軟化，但中間仍維持結實，約 20-30 分鐘。
2. 於鍋內加入番茄、洋蔥、蕪菁、甜椒、胡蘿蔔。若需要，可添加一點水蓋過豆子。以中大火煮滾，調成中小火，上蓋，以微滾狀態將鷹嘴豆煮軟，蔬菜仍保有口感，約 7-10 分鐘。
3. 拌入無麩質醬油、桑巴香料、鹽，離火。
4. 於小型煎鍋注油，以中火加熱至微冒泡。加入辣椒和芥末籽，偶爾搖晃鍋子，至辣椒顏色變深，芥末籽爆開，約 3-4 分鐘。若想要，可以加入阿魏，立即淋到鷹嘴豆等食材上，攪拌均勻。試吃，視情況再加點鹽，盛入碗中，灑上香菜即可享用。

煙燻菠蘿蜜與白豆蘑菇墨西哥夾餅佐鳳梨莎莎醬

菠蘿蜜已經成為蔬食界的寵兒，原因不難理解：青綠色的菠蘿蜜（未成熟），果肉類似肉的纖維，帶有嚼勁，很適合取代手撕豬肉。我喜歡將其做成「玉米餅佐鳳梨莎莎醬」，搭配豆子享用以攝取蛋白質，並喚起傳統墨西哥烤豬肉玉米餅的美味。備註：我喜歡 Upton's Naturals 和 Jackfruit Company 這兩個品牌的菠蘿蜜產品，兩者都能提供美味的煙燻與原味版本。使用 Jackfruit Company 的產品，可能需要加多一點奇波雷辣椒粉。若找不到這兩個品牌的產品，可以到亞洲超市尋找未成熟泡在水裡的菠蘿蜜罐頭，之後再加多一點奇波雷辣椒粉，補足煙燻風味。

12 杯

餡料

230 克 秀珍菇，切成一口大小（可用棕色蘑菇代替）

1 包（約 283 克）煙燻菠羅蜜

水

2 湯匙 特級初榨橄欖油

1 小顆 黃 / 白洋蔥，切碎

2 瓣 大蒜，切碎

½ 茶匙 奇波雷辣椒粉

½ 茶匙 猶太鹽，視口味調整

2 湯匙 番茄糊

1¾ 杯 煮熟 / 無鹽罐頭白豆（可用白腰豆 / 白腎豆 / 美國白豆代替），瀝乾沖洗

鳳梨莎莎醬（1 杯）

1 杯 新鮮鳳梨塊，切 1.2 公分方塊

2 湯匙 新鮮香菜，切碎

2 大顆 紅蔥頭，切碎

1 根 墨西哥辣椒，去梗去籽，切碎

2 湯匙 新鮮萊姆汁

½ 茶匙 猶太鹽，視口味調整

12 張（6 吋）玉米餅

1 製作餡料：開中大火，於大型鑄鐵鍋 / 厚重平底鍋，倒入蘑菇乾煎，用鏟子將蘑菇下壓，每次持續幾秒鐘，至呈褐色，約 2 分鐘；鏟起來翻面，以同樣方式處理另一面。加入菠蘿蜜和 3 湯匙水，拌炒至上色，約 4-5 分鐘，同時用鏟子將果肉弄散。盛入餐盤，盡量保留鍋內果肉和湯汁。

2 於平底鍋注入橄欖油，待微冒泡時，拌入洋蔥和大蒜，炒軟，約 6 分鐘。拌入奇波雷辣椒、鹽、番茄糊，至香氣釋出，約 30 秒。拌入豆子、蘑菇、菠羅蜜和盤中的精華，稍微炒熱，約 30 秒。若食材看起來太乾，每次添加 2 湯匙水，至食材濕潤但不要過濕。試吃，視情況再加點鹽，罩住保溫。

3 製作莎莎醬：在小碗拌勻鳳梨、香草、紅蔥頭、辣椒、萊姆汁、鹽。試吃，視情況再加點鹽，（份量足夠供本食譜用。剩餘的莎莎醬，放入密封容器，可冷藏保存約 3 天，但最好趁新鮮食用。）

4 把玉米餅放入乾燥平底鍋，以中大火每面加熱幾秒鐘，趁熱放入鋁箔紙。

5 擺盤，把餡料分入熱的玉米餅，淋上莎莎醬。

波布拉諾辣味腰豆墨西哥夾餅佐速醃洋蔥

6 份夾餅

醃洋蔥

¼ 杯 新鮮葡萄柚汁

¼ 杯 新鮮柳橙汁

¼ 杯 新鮮萊姆汁

¼ 杯 白醋

1 顆 紫洋蔥，切薄片

餡料

2 湯匙 特級初榨橄欖油

2 根 波布拉諾辣椒（poblano peppers），去梗去籽，切 1.2 公分片狀

1 小顆 黃洋蔥，切碎

2 瓣 大蒜，切碎

½ 茶匙 孜然粉

½ 茶匙 肉桂粉

½ 茶匙 西班牙煙燻紅椒粉

½ 茶匙 猶太鹽 / 海鹽，視口味調整

½ 茶匙 現磨黑胡椒粒，視口味調整

1¾ 杯 煮熟 / 無鹽罐頭紅腰豆（425 克 / 罐），瀝乾免沖洗

6 張（6 吋）玉米餅

½ 杯 快煮煙燻紅莎莎醬（頁 216），或自選市售莎莎醬

½ 杯 香料豆腐費達起司（頁 217），或市售素食 / 乳製費達起司，捏碎

烤南瓜籽（無種殼南瓜籽）

雖然我非常喜歡斑豆和黑豆餡的墨西哥夾餅，但腰豆的緋麗色澤與綿密口感更適合用於這份食譜。我喜歡搭配溫和的波布拉諾辣椒厚切片，用一點辣味與苦味平衡豆子的奶油風味，再加上一點醃洋蔥就無懈可擊了。醃洋蔥一定會有剩，但可以冷藏保存好幾週。

1 製作醃洋蔥：將葡萄柚汁、柳橙汁、萊姆汁、醋倒入小型湯鍋，以中火煮滾。關火，加入紫洋蔥，於鍋中靜置冷卻。（多餘的醃洋蔥，可放入一公升的梅森罐，冷藏保存至多 3 週）。

2 製作餡料：於大型平底鍋注入橄欖油，以中火加熱至微冒泡。加入波布拉諾辣椒、洋蔥、大蒜，經常攪拌，炒至蔬菜開始變軟，約 4 分鐘。拌入孜然、肉桂、紅椒粉、鹽、胡椒，再煮 1-2 分鐘，至香料濃郁香氣釋出。拌入豆子，調成中低火，待豆子煮熟即可。試吃，視情況再加點鹽和胡椒。關火，蓋上保溫。

3 把玉米餅放入乾燥平底鍋，以中大火每面加熱幾秒鐘，趁熱放入鋁箔紙中。

4 組裝玉米餅：將玉米餅攤平，各自鋪上辣味豆餡，加入一湯匙莎莎醬、費達起司、南瓜籽、幾片醃洋蔥，趁熱享用。

脆皮斑豆墨西哥夾餅

8 份夾餅

脆皮玉米餅

1 杯 快煮墨西哥玉米粉（masa harina）

水

¼ 茶匙 猶太鹽，視口味調整

葡萄籽油 / 其他中性植物油，油炸用

餡料

2 湯匙 特級初榨橄欖油

1 小顆 黃洋蔥，切碎

4 瓣 大蒜，切碎

1 茶匙 西班牙煙燻紅椒粉

1 茶匙 孜然粉

½ 茶匙 肉桂粉

½ 茶匙 猶太鹽，視口味調整

¼ 茶匙 現磨黑胡椒粒

1¾ 杯 煮熟 / 無鹽罐頭斑豆（425 克 / 罐），瀝乾免沖洗，將汁液保留

1 湯匙 新鮮萊姆汁

½ 杯 香料豆腐費達起司（頁 217），或市售素食 / 乳製費達起司，捏碎

½ 杯 快煮煙燻紅莎莎醬（頁 216）/ 自選市售莎莎醬

1 顆 熟成酪梨，切片

若沒吃過聖安東尼奧的在地德州墨西哥料理，把握機會彌補一下。捨棄將玉米餅煎脆的方式（或使用煎過的硬殼玉米餅），選擇如製作玉米餅般將玉米麵團壓平，放入油鍋，待麵團浮起膨脹變脆，便完成輕盈的脆皮玉米餅。這個技巧來自於我最喜歡的德州墨西哥食譜作家兼〈思鄉德州人〉（Homesick Texan）部落格版主——麗莎．費恩（Lisa Fain），我跟她在德州的家鄉一同享用墨西哥辣肉餡捲餅、豆子和米飯，並且小酌，好吧，可能算是牛飲瑪格麗特。食譜中稍微棘手的步驟就是塑型，需要練習一下，但就算形狀不對，還是可以當作脆玉米餅或是剝成脆片，把餡料當作沾醬舀起來吃。儘管吃得杯盤狼藉，還是非常美味。

1 製作脆皮玉米餅：取中型碗將玉米粉、¾ 杯水、鹽拌勻成軟麵團，質地如濕潤的培樂多黏土（Play-Doh），若太乾，一次加一湯匙水調整。

2 將麵團塑型成大張麵餅，用鋒利刀子，把麵餅當作派切成八份。每份揉成球狀，鋪上保鮮膜用玉米餅壓製機 / 用擀麵棍隔著烤焙紙或保鮮膜，將麵團桿成約 5-6 吋大小。（邊緣不平整沒關係。）移入大型帶邊烤盤，不要重疊，用乾淨濕布罩住。

3 於大餐盤鋪上餐巾紙。

4 於大型平底鍋注油約 5 公分深，開中大火加熱至探針式溫度計顯示約 176ºC。用耐熱鍋鏟輕輕地將玉米餅放入油鍋，先下沉但很快就會膨脹浮起來。約 10 秒後，用兩根木頭湯匙 / 鍋鏟，將玉米餅由兩側底部輕輕挑起，呈 V 字形。亦可將玉米餅一側抵住鍋邊，另一側往上推，摺出形狀。（若玉米餅頂部太膨，取一根湯匙 / 鏟子固定一側，再用另外一根湯匙 / 鏟子將中心輕輕往下壓。）不要折得太緊密，會沒有空間放餡料。固定形狀後需炸約 20 秒，至玉米餅呈褐色，變得酥脆。若需要，亦可翻面煎。用夾子將玉米餅從油鍋輕輕夾起，瀝出多餘的油，放上鋪有餐巾紙的餐盤。剩餘玉米餅以相同方式處理。

5 製作餡料：於大型平底鍋注入橄欖油，以中大火加熱至微冒泡，拌入洋蔥和大蒜，炒軟，約 6-8 分鐘。拌入紅椒粉、孜然、肉桂、鹽、胡椒，至香味釋出，約 30 秒。拌入豆子和 1 杯備用罐頭豆水（若豆子湯汁不夠，亦可加水），待豆子煮透，風味融合，約 3 分鐘。用叉子 / 馬鈴薯搗泥器將豆子壓碎，煮到濃稠，約 1-2 分鐘。關火，拌入萊姆汁。試吃，視情況再加點鹽，

6 擺盤，將餡料舀入玉米餅，鋪上費達起司、莎莎醬、酪梨切片。

翠綠炸蠶豆餅

40 個炸鷹嘴豆餅

1 顆 黃洋蔥，切大塊

1½ 杯 平葉香芹葉，切碎

1½ 杯 新鮮香菜葉和嫩莖，切碎

1½ 杯 新鮮細香蔥，切碎

⅓ 杯 蒜瓣

450 克 去皮蠶豆，隔夜泡水後瀝乾

1 湯匙 細海鹽，視口味調整

1½ 湯匙 孜然粉

1½ 湯匙 煙燻甜椒粉

1 湯匙 香菜粉

2 茶匙 碎紅椒片

花生油 / 葵花油 / 其他中性植物油，油炸用

埃及的炸鷹嘴豆餅使用香料做成翠綠濕潤的內餡與褐色酥脆的外皮。搭配皮塔餅、芝麻醬、鷹嘴豆泥、醃蔬菜，或沙拉與穀物享用，亦可當作開胃菜，搭配自選沾醬。我曾在維吉尼亞州福爾斯徹奇的 Fava Pot 餐廳，參加由主廚兼老闆的蒂娜．丹妮兒（Dina Daniel）與二廚埃爾默．拉莫斯（Elmer Ramos）舉辦的有趣一日埃及烹飪課程，這份食譜便是用他們的版本改編而成。

1 把洋蔥、香芹、香菜、細香蔥、大蒜於大碗拌勻。

2 取 ⅓ 拌好的食材倒入食物調理機，加入 ⅓ 蠶豆，攪打約 10 秒鐘，至蠶豆如碎米粒大小。此時豆泥會很濕潤，可用力捏成球狀。若需要，可按暫停將壁上的食材刮入盆中。將豆泥裝入碗中，分兩次把剩餘的食材以相同方式完成。

3 將鹽、孜然、紅椒粉、香菜粉、紅椒片於碗中拌勻。

4 將冷卻架放在大型帶邊烤盤之上備用。

5 於大型平底深鍋 / 荷蘭鍋注油約 7.6 公分深，以中大火加熱。當油溫夠高時，放入一小塊鷹嘴豆泥會浮起來，此時將火力調成中火，並開始製作鷹嘴豆餅。用雙手把鷹嘴豆泥揉成高爾夫球大小，塑形成稍微扁平橢圓形。（若形狀太圓，當外皮炸至酥脆時，裡面會沒煮熟。）

6 可分批油炸，避免太擁擠。將鷹嘴豆餅小心放入油鍋，偶爾用漏勺 / 撈網攪拌，使豆餅滾動。待炸至深褐色，約 5-6 分鐘。取出放至冷卻架上，並繼續進行剩餘的鷹嘴豆餅。趁熱享用。

鷹嘴豆藜麥西班牙素臘腸

5 杯

1 杯 乾燥紅藜麥
水
2¼ 茶匙 猶太鹽
¾ 杯 核桃
2根 安丘辣椒（ancho chiles）
1 湯匙 奇波雷辣椒粉
1 茶匙 現磨黑胡椒粒
1 茶匙 乾燥奧勒岡
1 茶匙 孜然粉
1 茶匙 香菜粉
½ 茶匙 完整丁香 / ¼ 茶匙 丁香粉
1¾ 杯 煮熟 / 無鹽罐頭鷹嘴豆（425 克 / 罐），瀝乾沖洗
½ 杯 日式麵包粉 / 其他種類麵包粉
4 瓣 大蒜，切末
¼ 杯 蘋果醋
⅔ 杯 葡萄籽油

多年來，我依照素食食譜作家羅伯托．馬丁（Roberto Martin）的做法，用豆腐自製「西班牙臘腸」。這種臘腸非常美味，甚至還騙過從墨西哥來的朋友。由此證實了，愛吃肉的人，以為自己喜歡的風味來自於肉，但其實卻是調味。我開始用鷹嘴豆製作西班牙臘腸時，老是無法成功。由於豆子含大量水分與澱粉，煮到鬆散要花很長的時間，口感還會像沙子一樣。後來我發現，我的素食漢堡食譜也有無法解決的困難，會一直散掉，但這可能就是解決素食臘腸的方法。布魯克斯．希德利（Brooks Headley）在曼哈頓經營 Superiority Burger 餐廳，其中的同名料理就使用鷹嘴豆、紅藜麥與核桃。雖然素肉餅很容易散開，烹調時有點惱人，但由藜麥帶來的酥脆邊緣太迷人了，我就決定用藜麥混搭。保留希德利食譜的主要食材，其他食材則省略（包括洋蔥、胡蘿蔔和他的調味料），換成馬丁的調味料（辣椒、辛香料、蘋果醋），做出我的新歡「西班牙臘腸」，帶有辣味、一點酸勁、恰到好處的咬勁與酥脆。這份食譜免不了使用很多油，（若我記得沒錯的話）豬肉製成的西班牙臘腸含有很多脂肪，這也是迷人的地方。這道菜並非健康料理，但也不用一次吃很多。可以放入墨西哥夾餅（我最喜歡搭配馬鈴薯、甘藍菜絲、沙拉）、包入墨西哥捲餅、加入什錦穀物沙拉 / 其他沙拉，舉凡想增添濃郁風味的場合，都可以任意搭配。

1 將藜麥、1½ 杯水、¼ 茶匙鹽於湯鍋混勻，以中大火煮滾。轉成中小火，上蓋，把藜麥煮至鬆軟，約 35 分鐘。

2 烹調藜麥的同時，可以烤核桃：將核桃放入乾燥大平底鍋，以中火加熱，至香氣釋出稍微上色，約 5-6 分鐘。過程中偶爾搖晃鍋子，避免核桃燒焦。冷卻，壓碎 / 切碎。

3 將安丘辣椒剪開，丟棄梗和籽。切成約 1.2 公分大小，倒入食物調理機（越小越好）/ 香料專用研磨機，加入奇波雷辣椒、胡椒、奧勒岡、孜然、香菜粉、丁香磨成粉。

4 在大碗中，將鷹嘴豆用叉子 / 馬鈴薯搗泥器壓碎。將煮熟藜麥刮入鷹嘴豆的碗中，靜置幾分鐘冷卻。拌入混合辣椒香料、核桃、剩餘 2 茶匙鹽、麵包粉、大蒜、醋，拌勻。（用手比較方便。）

5 在大型鑄鐵鍋 / 厚重平底鍋倒入 ⅓ 杯油，用中大火加熱至微冒泡，加入一半混合的鷹嘴豆泥，時常攪拌，烹煮幾分鐘，至大部分的油被吸收。將豆泥於鍋內鋪平，靜靜煮 1-2 分鐘；然後鏟起、攪拌再鋪平，重複此動作，至豆泥呈深褐色、質地由軟爛變成酥脆鬆軟，約 10 分鐘。（藜麥會爆開，但沒關係。）把成品舀入碗中，剩餘食材以同樣的方式處理。

6 立即使用，或放入密封容器冷藏保存至多 1 週，冷凍最多 3 個月。

5

法式砂鍋菜、義大利麵、米飯、讓人心滿意足的主菜

豆類和穀物無法分開，顯然是因為豆類不具有「完整」蛋白質所含的全部胺基酸，穀物同樣也沒有，但將兩者結合，胺基酸的種類就完整了。所以全世界的文化都會將兩者搭配在一起，但我們知道這兩種蛋白質來源，只需要在一天當中攝取，不需要放在同一道菜或同一餐，亦能達成相同效果。但這樣有什麼樂趣呢？豆類和穀物分開雖然好吃，但兩者搭配更出色。然而不是每道豆類主菜都需要搭配穀物：把一整顆烤好的花椰菜放在滑順的鷹嘴豆泥上，你就知道我在說什麼了。

普羅旺斯卡酥來砂鍋燉菜

兩種美味由一道滾燙砂鍋菜一次滿足。這道料理由意外、啟發與復甦組成：我當時想知道乾燥笛豆泡入番茄醬汁，再鋪上夏季時蔬切片烘烤會有什麼表現。這道料理與《料理鼠王》動畫中最後上桌的普羅旺斯燉菜不同，從最嚴格的標準來看，其實不是普羅旺斯燉菜（ratatouille），而是法國南方的砂鍋燉菜（tian）。我從最喜歡也最簡單的普羅旺斯燉菜開始做，食譜來自於德布·佩雷爾曼（Deb Perelman）的部落格〈煞到廚房〉（Smitten Kitchen），其中幾個關鍵差異是：我將番茄醬汁層做得非常濕，並上蓋烘烤，覺得這樣有助於豆子煮熟。我也添加自己很喜歡的香料配方，還有非正統的中東綜合香料（za'atar）。一小時後，我發現豆子還沒煮好，並且太多湯汁，便將蓋子打開，繼續將水分烤至蒸發。回烤之前，我撒上一層麵包粉，增添香酥口感，類似另一道美味的法國豆類（非肉類）料理，以上就是我的普羅旺斯卡酥來砂鍋燉菜，成果棒極了。中東綜合香料加入內斂深層的風味，招待法國客人的時候，你不說他們也不知道。這道菜需要在烤箱裡烤一段時間，很適合悠閒的週日製作。相信我，製作這道料理的時候，要留在家裡，你將聞到無與倫比的香氣。（若要賣房子，但忘記準備巧克力脆片餅乾：把這道菜放入烤箱，用香氣營造舒適的氣氛，驅使潛在買家競價。）

6 份

3 湯匙 特級初榨橄欖油

1 顆 黃洋蔥，切碎

5 瓣 大蒜，切碎

3 湯匙 中東綜合香料（za'atar）

1 茶匙 猶太鹽

½ 茶匙 現磨黑胡椒粒

1 罐（794 克）碎蕃茄，烤過尤佳

110 克（約 ⅔ 杯）乾燥笛豆（可用白腰豆 / 其他小白豆代替），隔夜泡水後瀝乾

1 顆（約 227 克）茄子 / 半顆較大的茄子，切薄片

1 根（約 227 克）櫛瓜，切薄片

1 顆（約 227 克）黃色夏南瓜，切薄片

1 顆 甜椒，切薄片

½ 杯 日式麵包粉 / 其他種類麵包粉

1 烤箱預熱至 190ºC。

2 將 2 湯匙橄欖油倒入深的大型可烘烤平底鍋 / 耐火砂鍋（附鍋蓋），以中火加熱。加入洋蔥和大蒜炒軟，偶爾攪拌，約 8 分鐘。拌入中東綜合香料、½ 茶匙鹽、¼ 茶匙胡椒，煮至香氣釋出，約 30 秒。倒入番茄和豆子，攪拌均勻，調成中大火將鍋內食材煮滾，關火。

（續下頁）

普羅旺斯卡酥來砂鍋燉菜

（續上頁）

3 由鍋邊以同心圓方式，在番茄和豆子上方交替鋪上茄子、櫛瓜、夏南瓜，每片蔬菜緊密交疊。繼續往中央進行，務必完全蓋過底部豆子等食材，於最上層鋪上甜椒。

4 淋上剩餘 1 湯匙的油，撒上剩餘 ½ 茶匙鹽、¼ 茶匙胡椒。

5 上蓋烤 1 小時，燉菜看起來會像湯，且豆子尚未煮軟。這時打開鍋蓋，撒入麵包粉，放回烤箱烤 1 小時，至麵包粉呈褐色、湯汁濃稠於周圍冒泡，底部的豆子煮到非常軟。

6 靜置冷卻至少 15 分鐘再上桌。趁熱搭配麵包和／或穀物享用。

根莖蔬菜白豆與蘑菇卡酥來砂鍋

不論是在先前經營、位於明尼蘇達州聖保羅的傳奇餐廳 Heartland，亦或是目前任職位於韋扎塔附近的飯店 Hotel Landing，蘭尼・魯梭（Lenny Russo）始終是在地食材愛好者心中的夢幻大廚，就算是冬天，也會使用美國上中西部的食材烹調料理。他說：「這個地區的冬天很長。」意思就是，他也喜歡豆類。乾燥豆類是最好儲存的作物。魯梭用胡蘿蔔、芹菜根、蕪菁等冬季儲藏的作物，搭配原生豆類，製作卡酥來砂鍋，呈現帶有美國中西部情調的正宗法式暖心風味。我將他的版本簡化（當然也改編成素食版），保留核心的辛香料與根莖作物，還有最重要的白豆。需要煮兩次——第一次很簡單（見頁 14-19，「技巧」）；然後加入香料和蔬菜再煮一次。魯梭用了一個訣竅，我非常喜歡。利用第一次帶有澱粉的剩餘煮豆水來進行第二次烹調，提升燉鍋湯汁的濃稠度。亦可用罐頭豆子和水代替，但風味會不同。

4-6 份

- 3 湯匙 特級初榨橄欖油，另備澆淋用
- 1 大顆 黃色甜洋蔥，切 1.2 公分丁狀
- 2 根 芹菜梗，切 1.2 公分丁狀
- 2 瓣 大蒜，切片
- 2 湯匙 番茄糊
- 1 湯匙 紅味噌
- 1 茶匙 西班牙煙燻紅椒粉
- 1½ 茶匙 猶太鹽，視口味調整
- ¼ 茶匙 肉豆蔻粉
- ¼ 茶匙 卡宴辣椒粉
- ¼ 茶匙 丁香粉
- 1 杯 乾白葡萄酒
- 3 根 胡蘿蔔，切 1.2 公分丁狀
- 1 小顆 芹菜根，去皮，切 1.2 公分丁狀
- 1 顆 中型蕪菁，去皮，切 1.2 公分丁狀
- 2 顆 羅馬（李子）番茄，切碎
- 4 杯 煮熟或無鹽罐頭白腰豆 / 白腎豆 / 美國白豆 / 笛豆（三罐，425 克 / 罐），瀝乾（保留煮豆水），沖洗乾淨
- 2½ 杯 煮豆水 / 蔬菜高湯（頁 216）/ 市售無鹽蔬菜高湯 / 水，視需求調整
- 340 克 褐色蘑菇（cremini mushrooms），切片
- 1 杯 日式麵包粉 / 其他種類麵包粉

1. 烤箱預熱至 190ºC。
2. 於荷蘭鍋 / 大湯鍋注入橄欖油，以中大火加熱至微冒泡，加入洋蔥、芹菜、大蒜炒軟，約 6 分鐘。拌入番茄糊、味噌、紅椒粉、鹽、丁香、肉豆蔻、卡宴辣椒粉，炒至香味釋出，約 30 秒。拌入葡萄酒烹煮，洗鍋收汁（鏟起鍋底的殘渣），約 1 分鐘。
3. 加入胡蘿蔔、芹菜根、蕪菁攪拌，讓食材裹上湯汁。拌入番茄、豆子、煮豆水，若需要，多加點煮豆水和 / 或水，蓋過食材。試吃，視情況再加點鹽，煮滾後關火。
4. 將蘑菇撒到豆子等食材上，撒上麵包粉，淋上一點橄欖油。
5. 上蓋烤 45 分鐘，至燉鍋開始由鍋緣冒泡，根莖蔬菜煮軟。打開鍋蓋，將麵包粉繼續烤成褐色、蔬菜烤軟，約 45 分鐘。（亦可將烤箱調成燒烤模式幾分鐘，使麵包粉更焦脆。）
6. 趁熱享用。

扁豆蘑菇農夫派佐薑黃花椰菜泥

6 份

1 杯 乾燥褐色 / 綠色扁豆，挑選後洗淨

水

2 湯匙 特級初榨橄欖油

1 大顆 洋蔥，切碎

2 根 胡蘿蔔，切丁

450 克 褐色蘑菇，切 ¼

2 湯匙 麵粉

1½ 茶匙 猶太鹽

½ 茶匙 現磨黑胡椒粒

2 茶匙 百里香葉，切碎

2 湯匙 番茄糊

1 杯 蔬菜高湯（頁 216）/ 市售無鹽蔬菜高湯

2 湯匙 紅葡萄酒醋

1 杯 冷凍玉米

450 克 育空金馬鈴薯（Yukon gold），刷淨，切 2.5 公分丁狀

1 小顆 花椰菜，切小朵

1 茶匙 薑黃粉

¼ 湯匙 無鹽植物性 / 動物性奶油

這道菜為什麼叫做農夫派？因為原始的牧羊人派（shepherd's pie）含有碎羊肉，但這個食譜用的是扁豆。（不過老實說，牧羊人可能比較想要吃蔬菜，而不是羊群，你說是不是？）無論如何，我將經典食譜的舒心風格保留，東添西湊增添風味。我想不論是種扁豆，還是養綿羊的人，將這道料理端上桌一定會感到自豪。

1. 把扁豆和 2½ 杯水放入小湯鍋，以中大火煮滾。將火調小，上蓋把扁豆煨軟，約 20-30 分鐘。完成後瀝乾。
2. 煮扁豆的時候，於大平底鍋注入橄欖油，開中火，拌入洋蔥和胡蘿蔔，炒到開始變軟，約 8-10 分鐘。調成中大火，加入蘑菇，拌炒至軟化、釋出水分蒸發，約 10 分鐘。拌入麵粉、1 茶匙鹽、胡椒、百里香，煮至香氣釋出，約 30 秒。
3. 將番茄糊與高湯混合，和煮好的扁豆一同倒入蘑菇裡。加入醋煮至微滾，關火，拌入玉米，把食材裝入約 9×13 吋的烤皿。
4. 烤箱預熱至 200ºC。
5. 架好蒸籠，以中大火加熱，放入馬鈴薯和花椰菜，蒸軟，約 25 分鐘。移入大碗，加入薑黃、剩餘 ½ 茶匙鹽、奶油，用馬鈴薯搗泥器搗至滑順蓬鬆。
6. 將花椰菜馬鈴薯泥鋪在扁豆與蘑菇上方，烤到冒泡，表面邊緣開始上色，約 25-30 分鐘。趁熱享用。

備註

食譜中的兩個要素——扁豆蘑菇與花椰菜馬鈴薯泥都可以在 1 週前先準備好，分別冷藏保存，食用的當天晚上再組裝起來。先退冰再烤，或是將烘烤時間延長 10-15 分鐘。

義大利豆子餃

這道菜是使用新鮮豆莢製成的「豆類義大利麵湯」（fazool）改良版，但你大可使用罐頭豆類或將乾燥豆子煮熟，只要煮得夠久使豆子熱透即可。我喜歡把這道菜做成濃稠燉湯，而非高湯。用義大利餃取代體積較小的義大利麵，吃起來更有飽足感，但當然亦可用短水管麵（rigatoni）或彎管麵（macaroni）。

4 份

1 湯匙 特級初榨橄欖油
1 顆 黃洋蔥，切碎
4 瓣 大蒜，切薄片
1 顆 紅色甜椒，切 1.2 公分丁狀
1 根 胡蘿蔔，切 1.2 公分丁狀
½ 茶匙 海鹽，視口味調整
1 茶匙 西班牙煙燻紅椒粉
½ 茶匙 碎紅椒片
2 杯 嫩菠菜
1 罐（約 794 克）番茄丁 / 碎番茄，烤過尤佳
水
1 杯 新鮮蔓越莓豆 / 博羅特豆 / 皇帝豆 / 其他食用嫩豆
1 包（約 227-255 克）素食 / 傳統起司義大利餃
½ 茶匙 現磨黑胡椒粒
¼ 杯 素食 / 傳統帕瑪森乾酪粉

1 於荷蘭鍋 / 厚重湯鍋注入橄欖油，以中火加熱至微冒泡。加入洋蔥、大蒜、甜椒、胡蘿蔔，炒至開始變軟，約 4 分鐘。拌入鹽、紅椒粉、紅椒片，至香氣釋出，約 30 秒。

2 拌入菠菜煮軟，約 30 秒。倒入番茄、4 杯水、豆子，用中大火將食材煮滾。轉成小火，把豆子煮軟，約 30-40 分鐘。

3 打開蓋子，調成中火，放入義大利餃，依包裝時間指示烹調，煮至剛好軟化，小顆通常需要 4-6 分鐘。拌入胡椒與帕瑪森乾酪，試吃，視情況再加點鹽，趁熱享用。

豆煮玉米義大利餃佐櫻桃番茄奶油醬

約 **32** 顆義大利餃

餡料

3 根 玉米，帶皮

2 湯匙 特級初榨橄欖油

1 小顆 洋蔥，切碎

2 瓣 大蒜，切碎

1 顆 紅色甜椒，切碎

2 杯 新鮮皇帝豆（可用冷凍代替）

1 茶匙 猶太鹽，視口味調整

½ 茶匙 現磨黑胡椒粒

水

230 克 素食 / 乳製奶油乳酪

醬汁

1 杯 無鹽植物性 / 動物性奶油

2 杯 金太陽蕃茄 / 其他櫻桃番茄，切半

¼ 杯 鬆散疊起的羅勒葉，切碎，另備裝飾

1 茶匙 檸檬皮細末

2 湯匙 新鮮檸檬汁

½ 茶匙 猶太鹽，視口味調整

一撮 糖（自由選擇）

無蛋餛飩皮 / 水餃皮（港式）

豆煮玉米是南方歡慶夏季時節的經典招牌菜，食材包括玉米、甜椒、番茄、新鮮皇帝豆等食用嫩豆。我看到朋友凱茜．巴羅（Cathy Barrow）分享將豆煮玉米拌入起司義大利餃的照片，就決定要把豆煮玉米（或其中多數食材）包入義大利餃，結果大成功！搭配簡單美味的奶油醬，以櫻桃番茄和羅勒點綴成繽紛樣貌，加上一絲檸檬香氣，這道配菜便成為優雅的主菜。若找不到新鮮皇帝豆或其他食用嫩豆，亦可用冷凍皇帝豆代替，不用解凍即可下鍋，因為烹煮時間夠長，在鍋中邊煮邊解凍就好。

1. 製作餡料：用水沖洗帶皮玉米，高溫微波 5-7 分鐘，至冒蒸氣。稍微降溫，用手指感受，於較寬的一端（未長鬚）找到無生長玉米粒處，用鋒利的刀將尾端少數的玉米連同芯切除。握住長鬚的一端，將整根玉米擠出來，應該呈現乾淨並帶有幾分熟。若需要，可用水把鬚沖掉。玉米橫向對切，立在砧板上，由側邊削下玉米粒

2. 於大型深平底鍋注入橄欖油，以中大火加熱至微冒泡，拌入洋蔥、大蒜、甜椒，炒軟，約 6 分鐘。拌入玉米、皇帝豆、鹽、胡椒、¼ 杯水。轉中火，上蓋把豆子煮軟，約 15-20 分鐘。

3. 蔬菜煮好後裝入大碗，冷卻至常溫。拌入奶油乳酪，試吃，視情況再加點鹽。蓋上鍋蓋，放入冷凍庫，使餡料定型。

4. 製作醬汁：將平底鍋沖淨擦乾，以中火融化奶油。加入番茄，偶爾攪拌，煮至番茄塌陷出汁，與奶油混合，約 5 分鐘。拌入羅勒、檸檬皮、檸檬汁、鹽。試吃，視情況再加點鹽和一搓糖。罩住保溫。

（續下頁）

豆煮玉米義大利餃佐櫻桃番茄奶油醬

（續上頁）

5 包義大利餃前，於大型帶邊烤盤放滿餃子皮，把一小碗水和冷卻的餡料放在一旁。舀起一大匙餡料，放入一半麵皮的中央。（我喜歡用 40 號冰淇淋匙，這也是很棒的餅乾製作工具，能挖起約 1½ 湯匙的量。）一次先處理 3-4 片麵皮，用手指沾水，塗到含餡的麵皮邊緣。蓋上另一片麵皮，沿著邊緣下壓封口，盡量不要包入氣泡。將餃子翻面，沿著邊緣再壓緊一次。重複以上作法至餡料用完。

6 煮義大利餃時，於中型鍋子加入鹽水，煮滾。（若醬汁需要加熱，可上蓋以小火加熱。）小心地將 4 顆義大利餃放入鍋中，煮至滑溜呈半透明狀，約 3 分鐘。用漏勺小心將義大利餃撈至餐盤。重複步驟至所有義大利餃煮熟。

7 擺盤，將醬汁淋到義大利餃上，灑上切碎羅勒，趁熱享用。

中式黑豆香菇麵

中式炸醬麵含有豬肉和醬油，這道料理是其改良版。我在 Milk Street 創辦人克里斯托弗·金博爾（Christopher Kimball）的著作《牛奶街：週二夜晚》（*Milk Street: Tuesday Nights*）看到這份食譜。金博爾的做法比較簡便，使用現成蒜蓉豆豉醬，取代傳統醬油膏，想當然我則是用黑豆取代豬肉，不然呢？我知道這些食材絕對相得益彰，畢竟市售的現成醬汁就包含這些食材（可在大型超市的亞洲食品區找到）。我將香菇切成比較大塊，以增添口感，使用粗米線（空心麵條就像是通心米線〔rice bucatini〕！），而非烏龍麵等麵條，若想使用中式麵條也沒問題。

3-4 份

340 克 粗米線（可用烏龍麵代替）

2 湯匙 紅花油（safflower oil）/ 葡萄籽油 / 其他中性植物油

230 克 香菇，去梗，蕈傘切 0.6 公分丁狀

1½ 杯 煮熟 / 無鹽罐頭黑豆（425 克 / 罐），瀝乾沖洗

4 根 青蔥，切蔥花

4 瓣 大蒜，切碎

½ 茶匙 碎紅椒片

½ 杯 味醂 / 日本米酒

3 湯匙 蒜頭豆豉醬

1 湯匙 海鮮醬

1 湯匙 低鈉無麩質醬油（low-sodium tamari）

2 湯匙 原味白醋

½ 根 小黃瓜，切成籤狀

1. 將一大鍋水煮開，依照包裝指示把米線煮到軟硬適中。保留一杯煮米線水備用，其餘的瀝乾，沖冷水降溫後徹底瀝乾。
2. 於 12 吋平底鍋注油，以中大火加熱至微冒泡，加入香菇，炒軟呈褐色，約 6-8 分鐘。
3. 拌入豆子，煮 1 分鐘，至煮熟即可。拌入 ¾ 青蔥（剩餘 ¼ 作裝飾）、大蒜、紅椒片，至香氣釋出，約 30 秒。拌入味醂後煮乾，加入備用煮米線水、豆豉醬、海鮮醬、無麩質醬油，煮滾。轉中火，以微滾狀態煮至稍微濃稠，偶爾攪拌，約 4-5 分鐘。離火，把醋拌入。
4. 放入米線，用夾子攪拌，讓米線裹上醬汁。
5. 擺盤，將米線裝入碗中，淋上剩餘的醬汁，擺上小黃瓜和裝飾青蔥。

香濃豆類義大利麵

6 份

1¼ 杯 特級初榨橄欖油，另備澆淋用

2 根 胡蘿蔔，切 1.2 公分丁狀

3 根 芹菜梗，切 1.2 公分丁狀

1 顆 黃色洋蔥，切 1.2 公分丁狀

1 茶匙 番茄糊

2 杯 乾白葡萄酒

225 克 乾燥白腰豆，隔夜泡水後瀝乾

6 杯 蔬菜高湯（頁 216）/ 市售無鹽蔬菜高湯

1 茶匙 猶太鹽，視口味調整

1 片（約 8×13 公分）昆布

2 片 月桂葉

2 瓣 大蒜，壓碎

1 小枝 迷迭香

225 克 乾燥小水管麵（rigatoni）/ 彎管麵（macaroni）/ 其他形狀義大利麵

現磨黑胡椒粒

我從來沒有吃過能比得上 Officina 餐廳的這道經典義大利麵。Officina 餐廳位於華盛頓特區濱海特區（Wharf），由大廚兼負責人尼古拉斯．斯特法內利（Nicholas Stefanelli）經營，共三層樓，裡面還有市場。這道菜接近絲綢般的滑順口感與富有層次的風味，讓人驚艷。我詢問他如何製作這道菜時，聽到了不該驚訝的答案。他將白腰豆和大量優質特級初榨橄欖油混合再倒回湯裡。他示範一些讓我為之著迷的訣竅，我必會按部就班照做。若想要添加一些東西，讓這道料理更有趣，不妨加入球花甘藍、苦苣或芥菜等帶有苦味的蔬菜。

1. 於荷蘭鍋 / 厚重湯鍋注入 ¼ 杯橄欖油，開中火。拌入胡蘿蔔、芹菜、洋蔥、炒至很軟，約 10 分鐘。拌入番茄糊至香氣釋出，約 30 秒。調成中大火，倒入葡萄酒攪拌，刮起黏在鍋底的食材，煮約 10 分鐘，至葡萄酒稍微濃縮。
2. 加入豆子、高湯、鹽、昆布，1 片月桂葉，煮滾。將火調小，以微滾狀態，上蓋將豆子煮軟，約 1 小時。（亦可放入烤箱，用 150ºC 把豆子烤軟；或使用壓力鍋，高壓烹煮 18 分鐘，自然洩壓。）
3. 煮豆子的同時，於小湯鍋中注入剩餘 1 杯橄欖油、剩餘月桂葉、大蒜、迷迭香，以中小火加熱。至大蒜開始泡出微泡，約 5-6 分鐘，離火冷卻至常溫。
4. 豆子煮好後，查看湯汁與豆子份量是否約相同，若需要更多湯汁，可添加一點高湯 / 水。
5. 用漏勺撈出 1 杯煮熟豆子，保留全部湯汁，將撈出的豆子放入食物調理機。把迷迭香、大蒜、月桂葉從油裡取出，將油倒入食物調理機，把豆子打到滑順。
6. 將豆泥倒回裝有豆子的鍋子，開中火煮至微滾，加入義大利麵。試吃，視情況再加點鹽。
7. 將義大利麵緩慢煮熟（不要快速煮滾），依照包裝上的時間指示，煮到軟硬適中。
8. 裝盤，把湯分裝到碗中，淋上橄欖油（為何不？），撒上一些胡椒。

義大利白腰豆麵捲

我承認，這是破格的食譜。也就是說，我先想到名字，因為我喜歡玩文字遊戲，再開發工法和食材搭配。（可以問我怎麼做寶塔青花菜佐羅曼斯可醬。）但我也知道，白豆能替烤麵捲增添帶有大地的奶油風味，取代常用的瑞可塔乳酪，並搭配好朋友瑞士甜菜。這道鋪滿起司、燙到冒泡的料理，在寒冷的夜晚，定能撫慰人心。若找不到麵捲殼（cannelloni），不要擔心，水管麵（manicotti）也很適合，只是和食譜的名字搭不起來而已。

4-6 份

4 湯匙 特級初榨橄欖油，另備塗烤皿用

1 罐（約 794 克）碎番茄

1 茶匙 海鹽，視口味調整

½ 茶匙 現磨黑胡椒粒

2 茶匙 乾燥奧勒岡

2 把 瑞士甜菜

1 顆 洋蔥，切碎

3 瓣 大蒜，切碎

1 茶匙 碎紅椒片

1¾ 杯 煮熟 / 無鹽罐頭白腰豆，瀝乾免沖洗

1 包（12 個）乾燥義大利麵捲（cannelloni/manicotti shells）

230 克 素食 / 傳統部分脫脂莫札瑞拉起司粉

57 克 素食 / 傳統帕瑪森乾酪粉

1 烤箱預熱至 200ºC。

2 將 2 湯匙橄欖油直接倒入番茄罐頭。加入 ½ 茶匙鹽、¼ 茶匙胡椒、奧勒岡，拌勻。

3 將甜菜葉子摘下，把莖切細，葉子切碎，兩者分開放。

4 將剩餘 2 湯匙橄欖油倒入大型平底鍋，以中火加熱至微冒泡，加入甜菜莖、洋蔥、大蒜，拌炒至食材非常軟，約 8 分鐘。拌入剩餘 ½ 茶匙鹽、¼ 茶匙胡椒、紅椒片，煮約 30 秒。拌入甜菜葉，把葉子炒軟，約 2 分鐘。關火，拌入豆子，試吃，視情況再加點鹽。用木頭湯匙 / 叉子 / 馬鈴薯搗泥器，輕輕將部分豆子壓碎。

5 把豆泥裝入碗中，稍微降溫。

6 將 9×13 吋烤皿塗上少許橄欖油。取 1 杯番茄醬平舖在砂鍋底部。

7 使用湯匙（長柄冰茶湯匙，頭較窄的類型尤佳）和手指，將餡料塞入乾燥麵殼，越滿越好。放入烤盤，一個靠著一個放好。

8 把剩餘的番茄醬倒在麵殼上，抹平均勻覆蓋麵殼。撒上莫札瑞拉起司和帕瑪森乾酪，用鋁箔紙封口，烤到醬汁炙熱冒泡，麵殼烤軟，約 30 分鐘。移除鋁箔紙，將起司烤到呈淡褐色，約 10 分鐘。趁熱享用。

墨西哥豆餡玉米餅佐番薯和焦糖洋蔥

8 份餡餅

½ 大顆 洋蔥

5 湯匙 特級初榨橄欖油

1 茶匙 猶太鹽，視口味調整

水

450 克 番薯，切 2.5 公分方塊

1 根 奇波雷辣椒（泡入阿斗波醬，adobo sauce），加 1 湯匙醬汁，視口味調整

3½ 杯 煮熟或無鹽罐頭斑豆 / 加州粉紅菜豆（pinquito）/ 黑豆（兩罐，425 克 / 罐），瀝乾免沖洗（將汁液保留）

8 張（6 吋）玉米餅

2 顆 熟成酪梨

2 杯 櫻桃番茄，切 ¼

1 杯 甘藍菜 / 醃白菜 / 薩爾瓦多醃菜（curtido），切細絲

½ 杯 香料豆腐費達起司（頁 217），或市售素食 / 乳製費達起司（自由選擇）

幾年前我迷戀上傳統的墨西哥豆餡玉米餅——將玉米餅塗上豆泥，再鋪上新鮮酥脆的餡料，當時便決定要寫豆類的食譜。這道菜我一做再做，欲罷不能。我的好朋友帕蒂．西尼姬（Pati Jinich）主持美國公共電視網的〈帕蒂的墨西哥餐桌〉（Pat'Ts Mexican Table），她建議我用麵皮把餡料捲起來，類似墨西哥辣肉餡捲餅。當時我對墨西哥豆餡玉米餅的執著，顯然還會持續一陣子。製作這道菜可能會有點雜亂，但同時舒心又讓人滿足。食譜會用到許多食材，但都可以事先準備，包括焦糖洋蔥、番薯與豆泥。上桌前，把食材重新加熱，可以當作沾醬、塞入麵餅的餡料、做成捲餅、鋪在麵餅上等多種食用方式。豆泥可能會用不完，但你會很慶幸自己做了豆泥。可以搭配墨西哥夾餅、抹在脆玉米餅上，亦能取代回鍋豆做成開放式三明治（頁 132）。

1 把整顆洋蔥切絲（約 3-4 杯），用來製作焦糖洋蔥；另外半顆洋蔥切碎，用來做豆泥。

2 製作焦糖洋蔥：將 2 湯匙橄欖油注入大型平底鍋，以中大火加熱至微冒泡，加入洋蔥絲，用夾子拌炒幾分鐘，至軟化縮水。

3 拌入 ½ 茶匙鹽，調成小火，偶爾拌攪，將洋蔥炒到非常軟，呈褐色，風味甜美，最多需要 1 小時。

4 同時，用荷蘭鍋 / 厚重湯鍋將鹽水煮滾，加入番薯，煮至叉子能輕鬆穿透，約 10 分鐘，煮熟後瀝乾。

（續下頁）

墨西哥豆餡玉米餅佐
番薯和焦糖洋蔥

（續上頁）

5 製作豆泥：將荷蘭鍋 / 湯鍋沖乾淨，倒入 1 湯匙油，以中火加熱。加入洋蔥碎炒軟，約8-10分鐘。拌入剩餘½茶匙鹽、奇波雷辣椒、醬汁，煮至辣椒顏色變深，約 30 秒。拌入豆子、1 杯煮豆水 / 湯汁（若湯汁不夠，可以加水）、1 杯水。以中大火煮滾，轉成小火，上蓋，以微滾狀態將豆子煮至非常軟，風味融合，約 10 分鐘。把豆子放入果汁機，打成滑順泥狀（約 4 杯量），亦可使用手持式攪拌棒。添加更多煮豆水 / 水，使豆泥呈濃稠仍可流動。試吃，視情況再加點鹽，關火，罩上保溫。

6 將焦糖化洋蔥裝入碗中，用中火加熱平底鍋。加入煮熟番薯乾煎，偶爾攪拌，至番薯開始上色，約 8 分鐘。拌入焦糖洋蔥，再煮 1 分鐘，至洋蔥煮熟。關火，蓋上保溫。

7 於另一個小平底鍋倒入剩餘 2 湯匙油，以中火加熱。快速油煎玉米餅，每次一塊，每面只需幾秒鐘，待多餘的油瀝乾，移至鋪有餐巾紙的盤子，一片片疊起。（如果有超級新鮮的玉米餅，質地柔韌，可以用夾子夾住，直接在火源 / 瓦斯爐上，烤至焦黑斑點出現，每面約烤幾秒鐘，可增添一點焦香味。）

8 將約 ¼ 杯番薯和洋蔥餡舀入玉米餅，對折放入餐盤，每位客人可享用 1-2 捲墨西哥豆餡玉米餅。舀入一大匙豆泥，再擺上酪梨、番茄、甘藍菜，若想要可以加一點費達起司。趁熱享用。

備註

玉米餅若超級新鮮，折或捲都不會破的話，就不用煎，可以直接包餡。

素墨魚飯

當吃過你做這道菜的人說：「沒在開玩笑，我可以這輩子每天都吃這個。」，就知道這份食譜值得發表。在西班牙，這道菜顧名思義有墨魚汁的顏色，食材包括海鮮。但在墨西哥的某些地方，指的則是用黑豆湯汁煮的飯。（此時絕對不要浸泡豆子，這樣湯汁才會是墨黑色，而不是淡灰色。）我喜歡添加黑大蒜，增添甜美、堅果香與些微發酵風味，還能夠加深顏色。若喜歡，可以搭配白色豆子，做成白豆搭黑米的對比版本。

4 份

1 湯匙 特級初榨橄欖油

½ 杯 黃 / 白洋蔥，切碎

4 瓣 黑大蒜，切片（可用一般大蒜代替）

1 杯 印度香米（basmati rice）

½ 茶匙 猶太鹽，視口味調整

2 杯 黑豆煮豆水（自煮豆子的水，非罐頭汁液）

1. 於小型湯鍋注入橄欖油，用中大火加熱至微冒泡。加入洋蔥和大蒜拌炒至透明，約 4 分鐘。加入白米，拌炒至變色，約 2-3 分鐘。拌入鹽和煮豆水，煮滾後調小火力，上蓋煮 15 分鐘。

2. 關火，讓米飯靜置 10 分鐘，打開鍋蓋，將米飯拌鬆。試吃，視情況再加點鹽，趁熱享用。

鷹嘴豆水管麵

4 份

3 杯 煮熟鷹嘴豆，瀝乾，保留煮豆水

4 湯匙 特級初榨橄欖油

2 瓣 大蒜，切碎

1 茶匙 新鮮迷迭香，切碎，另備裝飾

½ 茶匙 猶太鹽，視需求調整

¼ 茶匙 現磨黑胡椒粒，視口味調整

230 克 乾燥水管麵（rigatoni）

義大利麵與豆類是天造地設的搭配，「經典豆類義大利麵湯」便是一個例子，但這份食譜可能將其推至巔峰：將一半鷹嘴豆保留完整，另一半與煮豆水一起打成滑順醬汁。水管麵的大小剛好能包覆完整鷹嘴豆，迷迭香則添加一點草本風味，將風味融合得恰到好處。我將這份食譜的第一個版本發佈時，正在替食譜文獻《銀湯匙：快速簡易義大利食譜》（*The Silver Spoon: Quick and Easy Italian Recipes*）撰寫評論。幾年後有讀者跟我說，他這幾年一直在嘗試不同的比例，增加鷹嘴豆與煮豆水的份量，製作更多醬汁的版本。真是聰明。可搭配檸檬汁調味的芝麻菜與茴香、番茄片與芹菜，或其他清脆生沙拉。

1 將一半鷹嘴豆、1 杯煮豆水、1 湯匙橄欖油倒入食物調理機 / 果汁機，打到滑順。

2 剩餘 3 湯匙橄欖油倒入大型深平底鍋，以中火加熱。加入大蒜和迷迭香，拌炒至大蒜軟化，呈淺褐色，約 2-4 分鐘。

3 倒入鷹嘴豆泥與完整鷹嘴豆，拌入鹽和胡椒，調成小火，上蓋烹煮至風味融合，偶爾攪拌，約 5 分鐘。試吃，視情況再加點鹽和胡椒。調成微火保溫，待義大利麵煮熟。

4 同時，於大型湯鍋把鹽水煮開。依照包裝指示，將水管麵煮至軟硬適中，瀝乾，拌入鷹嘴豆醬汁，湯汁很快會變得較濃稠。

5 把義大利麵盛入預熱餐盤，以切碎迷迭香點綴即可上桌。

備註

230 克乾燥鷹嘴豆可以煮出約 3 杯熟鷹嘴豆。可用罐頭鷹嘴豆和蔬菜高湯，取代乾燥鷹嘴豆和煮豆水，但風味會較為遜色。

博羅特豆與苦菜炒貓耳朵佐香檸麵包粉

這道菜的靈感來自於大廚蜜雪兒·費絲特（Michelle Fuerst），她把義大利麵、豆子與麵包粉的組合稱作「澱粉三兇手」。麵包是許多義大利麵美味的必要元素，能增添難以抵抗的酥脆口感，平衡了博羅特豆（又稱蔓越莓豆）的香濃質地與義大利麵的嚼勁。我喜歡用貓耳朵做這道菜，因為豆類和麵包粉似乎都能舒服地窩進耳朵形狀的小杯子，但任何喜歡的形狀都可以使用。食譜中有個較偏門的食材——紅味噌，能夠增添如鯷魚般的鹹味與鮮味。

6 份

¼ 茶匙 猶太鹽，視需求調整

¼ 杯加 2 湯匙 特級初榨橄欖油

1 杯 日式麵包粉 / 其他種類的麵包粉

2 湯匙 新鮮檸檬皮

450 克 乾燥貓耳朵麵 / 其他形狀義大利麵

1 顆 黃洋蔥，切碎

3 瓣 大蒜，切碎

6 杯 鬆散疊起帶有苦味的嫩青菜，如嫩羽衣甘藍 / 芝麻葉 / 水菜 / 紫萵苣（radicchio），或綜合蔬菜

2 杯 博羅特豆（borlotti）/ 蔓越莓豆，煮熟瀝乾，保留煮豆水

1 湯匙 紅味噌

½ 茶匙 現磨黑胡椒粒

1 湯匙 新鮮檸檬汁

½ 茶匙 碎紅椒片（自由選擇）

1 把一大鍋鹽水煮開。

2 煮水的同時，於中型平底鍋注入 2 湯匙橄欖油，最好使用不沾鍋，以中大火加熱。加入麵包粉，拌炒至呈褐色，約 3-5 分鐘，裝入小杯子，再拌入檸檬皮和鹽。

3 將義大利麵倒入滾水，依照包裝指示煮到軟硬適中。

4 煮麵的同時，將剩餘 ¼ 杯油倒入大型帶鍋蓋的深平底鍋 / 荷蘭鍋，以中火加熱。加入洋蔥和大蒜，炒軟，約 6 分鐘。加入青菜，上蓋烹煮，偶爾翻拌至其軟化，約 3-4 分鐘。打開鍋蓋，拌入豆子。關火，蓋上保溫。

5 待義大利麵煮好，以濾盆瀝乾，保留 1 杯煮麵水。

6 於小碗將味噌和少量煮麵水混合，拌入豆子等食材中。加入義大利麵，與豆子和蔬菜攪拌均勻。若想要義大利麵更濕潤，帶有一點醬汁，再加一些煮麵水和 / 或煮豆水。拌入 ⅓ 的麵包粉與胡椒，試吃，視情況再加點鹽。

7 把義大利麵盛入大盤，亦可分裝至淺碗 / 淺盤，撒上麵包粉。淋/擠上一點檸檬汁，若想要，撒上紅椒片。趁熱享用。

家山黧豆筆管麵佐迷迭香番茄醬

4 份

1½ 杯 乾燥家山黧豆，隔夜泡水後瀝乾（可用鷹嘴豆代替）

水

3 湯匙 特級初榨橄欖油，另備澆淋用（自由選擇）

1 顆 黃洋蔥，切碎

3 瓣 大蒜，壓碎

½ 茶匙 碎紅椒片

1 小枝 迷迭香

½ 茶匙 猶太鹽，視口味調整

1 罐（約 794 克）番茄丁，烤過尤佳

340 克 乾燥筆管麵（penne）/ 水管麵（rigatoni）/ 其他管狀義大利麵

2 茶匙 檸檬皮細末

家山黧豆就是野生鷹嘴豆，是義大利南方古老的主食。外型如同畸形的鹼法烹製玉米粉渣（corn hominy），堅果風味明顯，非常有趣。烹飪前，最好隔夜泡水然後瀝乾，以去除可能的有毒物質。但除非是吃沒泡水的豆子，吃了數個月，否則都很安全。這道義大利麵的作法，來自住在托斯卡尼，身兼作家、教師與領隊的茱蒂·魏茲·帆齊妮（Judy Witts Francini）。她曾說，運用這種兩段式煮豆法，製作義大利麵醬，是「道地」的托斯卡尼料理方式。這道菜也證明煮麵水的魔力：當醬汁看起來過於樸實、顆粒太多，但加入煮麵水卻變得滑順無比。醬汁會呈現美麗的粉紅橘色，讓人想起一種伏特加醬汁。家山黧豆可以到優質義大利超市購買或郵購（請見〈供應商〉，頁 222），亦可用鷹嘴豆取代。

1. 將家山黧豆倒入大型鍋子，加水蓋過約 7.6 公分。煮滾後，將火轉小，以微滾狀態，上蓋，將家山黧豆煨軟，約 60-90 分鐘。（亦可用壓力鍋，以高壓烹煮 25 分鐘，自然洩壓。）

2. 把橄欖油倒入大型帶鍋蓋的深平底鍋 / 荷蘭鍋，以中火加熱至微冒泡。拌入洋蔥和大蒜，炒至透明，約 5 分鐘。拌入紅椒片、迷迭香、鹽，炒至香味釋出，約 30 秒。

3. 加入 2 杯家山黧豆，煮 1-2 分鐘，拌入番茄。用中大火煮滾，調成小火，上蓋，以微滾煮至番茄塌陷，融入醬汁，豆子煮至非常軟，約 30 分鐘。

4. 取出迷迭香，用手持式攪拌棒，將醬汁打至滑順。拌入剩餘 ½ 杯家山黧豆，調成小火，上蓋，繼續烹煮，便開始煮義大利麵。

5. 將一大鍋鹽水煮滾，根據包裝指示，把義大利麵煮到軟硬適中。保留 2 杯煮麵水備用，其餘瀝乾，放入預熱的大碗。將 1 杯熱煮麵水拌入家山黧豆醬，若需要稀釋醬汁，或讓醬汁更滑順，可再加多一點。拌入檸檬皮，試吃，視情況再加點鹽。

6. 把醬汁淋在義大利麵上，若想要，可再淋上一點橄欖油。

白豆櫻桃番茄螺旋麵佐玉米醬

南方「奶油玉米」的做法，是用玉米芯裡天然牛奶般的汁液取代鮮奶油。我得知這個方法後，多年來開始以不同的方式製作這道簡單的夏季義大利麵。我會拌入一些櫻桃番茄，增添色彩和酸勁。最新的版本是加入南方豇豆，這種美麗的淺色小豆子是菜豆的一種，我向路易斯安那州的 Camellia 豆子公司購得。亦可使用眉豆、其他種類的菜豆或白豆取代。備註：若手邊有酥脆香料烤鷹嘴豆，可用食物調理機高速打碎，取代麵包粉，搭配營養酵母，取代帕瑪森乾酪。

8 份

½ 茶匙 猶太鹽，視需求調整

水

450 克 全麥螺旋麵（fusilli）/ 蝴蝶麵（farfalle）/ 其他捲曲義大利麵

8 根 新鮮玉米

2 湯匙 特級初榨橄欖油

4 顆 黃洋蔥，切碎

4 瓣 大蒜，切薄片

2 杯 櫻桃番茄，切半

2 杯 煮熟豇豆（可用煮熟或無鹽罐頭白腎豆 / 眉豆取代，一罐 820 克 / 兩罐 425 克），冷卻瀝乾沖洗

¼ 杯 素食 / 傳統帕瑪森乾酪粉，或 2 湯匙烤麵包粉加 2 湯匙營養酵母

½ 茶匙 現磨黑胡椒粒，可另備更多

½ 杯 堆疊緊密的羅勒葉，切碎

1 將一大鍋鹽水煮開，根據包裝指示，把義大利麵煮至軟硬適中，保留 1 杯煮麵水備用。

2 同時去除玉米外皮，用自來水沖淨，並盡量拔除玉米鬚。

3 將直立型刨刀架在碗上，將四根玉米抵住粗糙面摩擦。（約有 1½ 杯汁液與果渣。）剩餘的部分橫切向對切，立在砧板上，由側邊將玉米粒削下來。保留完整玉米粒（約 3 杯），並和「玉米汁」與果渣分開放。

4 將橄欖油倒入深的大平底鍋，以中火加熱。拌入洋蔥和大蒜，炒至淺褐色，約 5 分鐘。轉成中小火繼續拌炒，至洋蔥變得非常軟、釋放甜味，約 10 分鐘。調成中火，加入玉米粒和番茄，炒至玉米變亮，稍微軟化，約 2 分鐘。拌入豇豆煮熱，約 3 分鐘。

5 把義大利麵、備用「玉米汁」與果渣倒入平底鍋，攪拌均勻。若醬汁需要稀釋，分次倒入少量備用煮麵水。拌入帕瑪森乾酪、鹽、胡椒。試吃，視情況再加點鹽和胡椒。拌入羅勒，將義大利麵均分至碗中，趁熱享用。

秘魯豆飯煎餅
（TACU TACU）

在祕魯，用剩餘米飯和滑順的金絲雀豆（canary bean，亦稱 mayacoba/Peruano）做成的煎餅，往往會鋪在牛排和 / 或炒蛋上，但是單吃就很美味，搭配洋蔥莎莎醬更是一絕。有些廚師會煎成單份橢圓歐姆蛋形狀，但我偏好一大塊，能夠隨意分食。建議尋找黃色辣椒醬（aji amarillo，由祕魯人最喜歡的辣椒製成），可在拉丁美洲雜貨店或線上購買，亦可用塔巴斯科辣椒醬代替。

2-4 份

克麗歐亞莎莎醬（Salsa Criolla）

½ 小顆 紫洋蔥，切薄片

水

2 湯匙 香菜葉，切碎

2 湯匙 新鮮萊姆汁

¼ 茶匙 黃色辣椒醬（aji amarillo paste，可用 1 茶匙塔巴斯科辣椒醬〔Tabasco〕/ 其他辣椒醬代替）

¼ 茶匙 猶太鹽

豆飯煎餅（TACU TACU）

3 湯匙 紅花油（safflower oil）/ 葡萄籽油 / 其他中性植物油

½ 小顆 紫洋蔥，切碎

2 瓣 大蒜，切碎

½ 茶匙 猶太鹽，視口味調整

1 茶匙 黃色辣椒醬（aji amarillo paste，可用 1 茶匙塔巴斯科辣椒醬〔Tabasco〕/ 其他辣椒醬代替）

2 杯 煮熟 / 罐頭金絲雀豆（canary beans，兩罐，425 克 / 罐），瀝乾沖洗

1 杯 冷飯（最好已經放一天）

1 湯匙 平葉香芹葉，切碎

1 湯匙 新鮮奧勒岡，切碎

1 顆 萊姆，切角狀

1. 製作莎莎醬：加入冰水覆蓋洋蔥，靜置至少 10 分鐘，瀝乾，跟香菜、萊姆汁、黃色辣椒醬、鹽拌勻。
2. 製作秘魯豆飯煎餅：把 1 湯匙油倒入 10 吋不沾平底鍋，開中大火。加入洋蔥和大蒜，炒至淺褐色，約 5-6 分鐘。拌入鹽和黃色辣椒醬，將食材刮入食物調理機，平底鍋擦乾淨。
3. 將 1 杯金絲雀豆倒入食物調理機，快速將多數豆子打至滑順，仍保有一些塊狀，盛入大碗。將剩餘 1 杯金絲雀豆（整顆豆子）、米飯、香芹、奧勒岡倒入碗中，徹底攪拌均勻。試吃，視情況再加點鹽。
4. 於平底鍋注入 1 湯匙油，以中火加熱，加入米飯與豆子等食材，用鍋鏟鋪平，輕輕下壓，煎至底部呈深褐色，約 7 分鐘，離火，用盤子（平底盤尤佳）背面蓋在平底鍋上，小心地翻面，使煎餅裝入盤子中，底部朝上。將剩餘 1 湯匙油倒入平底鍋，以中火加熱，把煎餅滑入平底鍋，另一面再煎 7 分鐘，或煎成深褐色，再次翻面，使煎餅裝入盤子。若煎餅出現裂縫 / 碎開，重新組合起來就好。
5. 淋上莎莎醬，趁熱搭配萊姆角享用。

扁豆丸佐番茄醬汁

約 **32** 顆素肉丸

素肉丸

¼ 杯加 2 湯匙 特級初榨橄欖油

2 湯匙 白色／黑色奇亞籽，
用香料研磨機研磨

水

1 杯 乾燥大型褐色／綠色扁豆
（非法式小扁豆），挑選後洗淨

1 顆 黃洋蔥，切碎

4 瓣 大蒜，切碎

1 茶匙 乾燥奧勒岡

½ 茶匙 西班牙煙燻紅椒粉

1½ 茶匙 猶太鹽，視口味調整

3 杯 新鮮麵包粉（亦可用 1½
杯日式／其他種類麵包粉取代）

2 湯匙 營養酵母

1 湯匙 新鮮檸檬汁

番茄醬醬汁

¼ 杯 特級初榨橄欖油

2 瓣 大蒜，壓碎

1 茶匙 猶太鹽，視口味調整

½ 茶匙 現磨黑胡椒粒

¼ 茶匙 碎紅椒片

2 罐（約 794 克）碎番茄

6 大片 羅勒葉，切碎

這些柔軟的素肉丸由扁豆帶出大地風味，並加入麵包粉增添輕盈口感。我參考朋友多梅尼卡．馬爾凱蒂（Domenica Marchetti）其著作《義大利的光榮蔬菜》（*The Glorious Vegetables of Italy*），作出「茄子肉丸」後，便帶來這道菜的靈感。隔天風味更棒，可搭配各式喜歡的義大利麵或脆皮麵包與沙拉享用。

1 烤箱預熱至 180ºC。

2 製作素肉丸：把 ¼ 杯橄欖油倒入大型帶邊烤盤，放入烤箱預熱。

3 將奇亞籽與 6 湯匙水於小碗拌勻，靜置，同時繼續製作肉丸。奇亞籽需約 10 分鐘才會完全釋放膠狀物質。

4 將扁豆和 3 杯水倒入小型湯鍋，以中大火煮滾。轉成中小火，上蓋，以微滾狀態將豆子煮軟，約 15 分鐘。瀝乾降溫。

5 將剩餘 2 湯匙橄欖油倒入大型深平底鍋，以中大火加熱至微冒泡，加入洋蔥和大蒜炒軟，約 6 分鐘，拌入奧勒岡、紅椒粉、鹽，炒至香氣釋出，約 30 秒。

6 把洋蔥等食材（包括鍋內的油）倒入食物調理機，再加入麵包粉、營養酵母、檸檬汁、煮熟扁豆、奇亞籽「卵」，瞬轉打成帶大顆粒泥狀。試吃，視情況再加點鹽。

7 於工作檯放一小碗水，沾濕雙手，取高爾夫球大小的扁豆泥，揉成球狀。待肉丸成型後，用手輕輕往下壓。把預熱烤盤取出（小心熱油不要濺出來），放上微壓扁的素肉丸。放入烤箱，烤至底部呈深褐色，約 30 分鐘。小心地用鍋鏟翻面，將另一面也烤成深褐色，約 20 分鐘。取出烤盤，將素肉丸放入餐盤，冷卻 10-15 分鐘，使內部變得較結實。

8 烤素肉丸的同時，製作番茄醬。使用方才炒洋蔥的平底鍋，倒入橄欖油，以中小火加熱。加入壓碎蒜瓣油煎，用湯匙下壓釋放風味。將蒜瓣煎至冒泡，約 2-3 分鐘，不要過度上色。拌入鹽、胡椒、紅椒片，爆香約 30 秒。小心拌入碎番茄，將醬汁煮滾，轉中小火，偶爾攪拌，煮至醬汁顏色變深、質地變稠、油脂浮出，約 20-25 分鐘。試吃，視情況再加點鹽。離火，拌入羅勒。罩住保溫。

9 素肉丸烤熟後，放入醬汁，輕輕翻轉裹上醬汁，再放回鍋中，以中火加熱。蓋上鍋蓋煮幾分鐘，至素肉丸熱透。趁熱搭配麵包 / 喜歡的義大利麵享用。

黑豆墨西哥玉米片

2 份

植物油，油炸用

4 張（6 吋）玉米片，疊起來切八等份

½ 茶匙 猶太鹽

1 杯 黑豆泥母醬（頁 35，或見「備註」）

水

1 湯匙 特級初榨橄欖油

½ 杯 簡易炭烤綠莎莎醬（頁 217）/ 自選市售莎莎醬，另備上菜用

1 顆 熟成酪梨，切塊

2 根 青蔥，切蔥花

½ 杯 香料豆腐費達起司（頁 217）、市售素食 / 乳製費達起司、其他素食起司，刨絲

墨西哥玉米片（chilaquiles）是一種墨西哥式早餐，用玉米片搭配莎莎醬，有時候會加蛋。我有兩個版本：第一種要用砂鍋烤，類似拆解的墨西哥捲餅；第二種比較受歡迎（老實說也比較好吃），用平底鍋把玉米片炸到酥脆。這份食譜是後者，隨性又好搭配，通常做成 1-2 份。關鍵在於莎莎醬要酌量使用，否則玉米片會太濕。我很喜歡的版本像是墨西哥市的 Red Tree House 旅社，與華盛頓特區大廚克里斯汀・伊拉比安（Christian Irabién）經營的 Amparon Fondita 餐廳，都是由黑豆泥做起。

1. 在大型鑄鐵鍋 / 厚重平底鍋注入植物油，約 1.2 公分深，以中大火加熱至微冒泡，即可炸玉米片。分批操作，避免一次下鍋數量太多。將玉米片炸脆，約 2 分鐘，於中途翻面。用漏勺將玉米片盛入舖有廚房紙巾的餐盤。撒上鹽。將油倒出來冷卻，過濾可再次使用。
2. 於小型湯鍋將黑豆泥與 ½ 杯水混勻，以中火加熱至微滾後關火，蓋上保溫。
3. 將橄欖油倒入平底鍋，以中火加熱至微冒泡，倒入綠色莎莎醬，稍微攪拌，使鍋底覆蓋一層醬汁，快速加入炸玉米餅。用鍋鏟拿起玉米片翻面 1-2 次，使其裹上醬汁。關火。
4. 把黑豆泥均分至淺碗 / 盤子。舀入鍋內的莎莎醬與玉米片，擺上酪梨、青蔥、費達起司、幾匙新鮮莎莎醬。趁熱享用。

備註

若趕時間且手邊沒有母醬，將 1½ 杯煮熟或無鹽罐裝黑豆沖洗瀝乾，與 ¼ 茶匙猶太鹽、½ 茶匙孜然粉一同倒入果汁機，加入煮豆水，使刀片能夠轉動。將食材打至滑順。

墨西哥豆腐玉米炒蛋佐黑豆與仙人掌

我在奧斯汀讀大學的時候，有許多關於墨西哥炒蛋的美好回憶。當時自重的德州墨西哥餐廳，絕對不會把黑豆放入炒蛋、玉米餅、莎莎醬和起司裡，而是會放在一旁。但時代已經改變，這樣做又何妨？我現在都是這樣做。主持美國公共電視網〈帕蒂的墨西哥餐桌〉（Pati's Mexican Table）的一位朋友帕蒂．西尼姬（Pati Jinich），經由她示範過仙人掌果肉很好處理後，我就會在這道菜裡添加仙人掌莖（nopales/cactus paddle），讓美味升級，更別說若能在拉丁美洲超市裡找到拔除刺的仙人掌。若找不到，處理起來會有點麻煩。我敢說棘手嗎？但一切都值得。（訣竅：戴塑膠手套保護雙手。）仙人掌莖好用的黏稠質感能讓墨西哥素炒蛋更滑嫩，所以我很喜歡在這道菜中使用它。

4-6 份

1 片 仙人掌莖（可用 2 根波布拉諾辣椒〔poblano chiles〕取代，去梗去籽，切丁）

2 湯匙 葡萄籽油 / 其他中性植物油，視需求調整

4 張（6 吋）玉米餅，手撕 / 切成一口大小

1 顆 小洋蔥，切 0.6 公分丁狀

4 瓣 大蒜，切碎

1 顆 羅馬（李子）番茄，切碎

198 克 軟硬適中 / 結實泡水豆腐，瀝乾（不用把水擠出），捏碎

198 克 嫩豆腐，瀝乾壓成泥（無菌包裝尤佳，而非泡水的冷藏豆腐）

1 茶匙 薑黃粉

1 茶匙 猶太鹽，視口味調整

½ 茶匙 孜然粉

½ 茶匙 西班牙煙燻紅椒粉

1 杯 煮熟 / 無鹽罐頭黑豆（425 克 / 罐），瀝乾沖洗

½ 杯 簡易炭烤綠莎莎醬（頁 217）/ 市售綠莎莎醬

½ 杯 素食 / 傳統切達起司粉

¼ 杯 鬆散疊起的香菜葉

1. 用冷水將仙人掌莖沖淨，小心表面有小刺。用削皮器／鋒利小刀，去除刺與內部深色硬塊，避免削掉太多深綠色的皮。沿著邊緣切掉約 0.6 公分，底部切掉 1.2 公分。將果肉切成約 1.2 公分丁狀。
2. 於大型平底鍋注油，開中火。放入玉米餅，偶爾攪拌，煎至酥脆。（若必要，可分批處理。）將玉米餅撈至餐盤。
3. 若需要，可於鍋中再加一點油，放入仙人掌丁、洋蔥、大蒜，偶爾攪拌，至仙人掌由亮綠色轉成帶些微卡其色的綠色、洋蔥和大蒜軟化，約 10 分鐘。加入番茄煮軟，約 4-5 分鐘。把兩種豆腐、薑黃、鹽、孜然、紅椒粉加入拌炒，至豆腐熱透完全呈黃色，約 2 分鐘。
4. 拌入玉米餅、豆子、綠莎莎醬、起司，拌炒至起司融化。離火試吃，視情況再加點鹽。拌入香菜，立即享用。

雙豆日式小甜椒西班牙燉飯

自從我第一次去西班牙，按圖索驥找到一間位於瓦倫西亞南方的西班牙燉飯餐廳，之後便經常在家做這道菜。非常適合當作家中宴客主菜的原因有：能餵飽一群人；可事前煮好以常溫上桌；只需要一份沙拉、一瓶好酒，或許再搭配一些美味的脆皮麵包，就能解決一餐。和許多誤解不同的是，西班牙燉飯不需要海鮮，而且有眾多版本，當中包括許多素食版。既然西班牙這個國家很喜歡鷹嘴豆，我就從善如流，放入燉飯中。這份食譜使用菜豆和日式小甜椒，但亦可用自選時蔬取代。我向已故食譜作家彭內洛普．卡薩斯（Penelope Casas）學習做出美味西班牙燉飯的技巧，現在我則隨心所欲地發揮。若沒有大型燉飯鍋，可用兩個手邊最大的平底鍋取代。

8-10 份

6 杯 蔬菜高湯（頁 216）/ 市售無鹽蔬菜高湯

¼ 茶匙 碎番紅花（safflower）

2 顆 番茄，切半

½ 杯 特級初榨橄欖油

24 根 日式小甜椒（shishito peppers），去梗，維持原形

1 大顆 黃洋蔥，切碎

6 瓣 大蒜，切碎

2 顆 紅色甜椒，切碎

2 茶匙 西班牙煙燻紅椒粉

1 茶匙 孜然粉

1 茶匙 猶太鹽，視口味調整

450 克 新鮮菜豆，切 2.5 公分

¼ 杯 平葉香芹葉，切碎

3 杯 進口西班牙米，卡拉斯帕拉米（Calasparra）尤佳，可用阿柏里歐米（Arborio）代替

3 杯 煮熟 / 無鹽罐頭鷹嘴豆（一罐 820 克 / 兩罐 425 克），瀝乾沖洗

2 杯 菠菜，切碎

1 杯 鷹嘴豆蒜香美乃滋（頁 214），或市售素食 / 傳統美乃滋與 1 瓣切碎大蒜混合

1 烤箱預熱至 200ºC。

2 將高湯和番紅花（safflower）放入湯鍋，以中大火煮滾。調成小火，上蓋繼續煮，同時準備燉飯。

3 將直立型刨刀架在碗上，用番茄切面抵住刨刀粗糙面摩擦，至剩下番茄表皮為止。

4 將 17-18 吋西班牙燉飯鍋架到 2-3 個爐台上，亦可用兩個 10-11 吋鑄鐵平底鍋，以中大火加熱。倒入橄欖油加熱至微冒泡，放入日式小甜椒，每面煎 1-2 分鐘，夾入餐盤。

5 拌入洋蔥、大蒜、甜椒，拌炒至軟化，約 6-8 分鐘。拌入紅椒粉、孜然、鹽，炒至香氣釋出，約 30 秒。拌入菜豆，時常攪拌，將其稍微煮軟，口感較不脆。

6 拌入番茄果渣和香芹，煮約 30 秒。倒入米飯，攪拌裹上鍋內醬汁。加入高湯、鷹嘴豆、菠菜，試吃，視情況再加點鹽。偶爾攪拌和轉動鍋子，稍微收汁，使整道菜不像是湯，但米飯仍泡在湯汁內，約 5 分鐘。

7 把日式小甜椒放在米飯上，將鍋子放入烤箱，開蓋烤至米飯軟硬適中，約 12-15 分鐘。取出鍋子，以鋁箔紙封住，靜置 10 分鐘，至米飯完全煮熟。

8 趁熱搭配蒜香美乃汁享用。

鷹嘴豆蘑菇煙花女醬與酥脆玉米糕

4-6 份

玉米糕

水

1½ 茶匙　猶太鹽，視口味調整

1 杯　義式粗玉米粉（polenta）/黃色粗玉米粉（cornmeal）

2 湯匙　植物性奶油 / 動物性奶油

煙花女醬（PUTTANESCA）

2 湯匙　特級初榨橄欖油

1 顆　黃洋蔥

4 瓣　大蒜，切碎

½ 茶匙　猶太鹽，視口味調整

½ 茶匙　現磨黑胡椒粒

1 茶匙　碎紅椒片

230 克　褐色蘑菇，切片

1¾ 杯　煮熟 / 無鹽罐頭鷹嘴豆（425 克 / 罐），瀝乾沖洗

1 罐（約 794 克）碎番茄，烤過尤佳

½ 杯　去籽油漬橄欖，切碎

¼ 杯　鹽漬酸豆，泡在溫水中至少 15 分鐘，瀝乾

¼ 杯　鬆散疊起的平葉香芹葉，切碎

2 湯匙　新鮮檸檬汁

2 湯匙　特級初榨橄欖油，另備塗烤皿用

對我來說，很少有東西比煙花女義大利麵的醬汁更好吃。這道義大利菜會這麼叫，可能是 / 不是因為煙花女想要一些速成料理以解決客人的需求。食譜中的食材很樸實，但堆疊出的效果遠勝於各自特色：酸辣中帶甜味的醬汁，非常適合義大利麵，但搭配煎玉米糕也十分美味。玉米糕不一定要用煎的，亦可把醬汁淋到溫熱鬆軟的玉米糕；或甚至更簡單，淋在義大利麵 / 烤番薯上（我知道很怪異，但真的好吃）。

1. 瑪契拉．賀桑（Marcella Hazan）製作玉米粥的方式如下：把 4 杯水和鹽放入小湯鍋，以中大火加熱煮開。攪拌的同時緩緩加入義式粗玉米粉（polenta）。調成中火，繼續攪拌 1 分鐘。轉成小火，上蓋慢煮 45 分鐘，約每 10 分鐘以木頭湯匙攪拌 1 分鐘。離火，拌入奶油。試吃，視情況再加點鹽。
2. 料理玉米粥的同時，可以準備煙花女醬：把橄欖油倒入荷蘭鍋 / 厚重湯鍋，開中大火。加入洋蔥和大蒜炒軟，約 6-8 分鐘。拌入鹽、胡椒、紅椒片，炒到香氣釋出，約 30 秒。加入蘑菇，炒至塌陷，約 2-3 分鐘。加入鷹嘴豆、番茄、橄欖、酸豆，拌勻後煮滾，轉成小火，上蓋，以微滾煮至醬汁顏色變深，風味融合，約 15 分鐘。拌入香芹與檸檬汁，試吃，視情況再加點鹽。上蓋以文火保溫，此時可以煎玉米糕。
3. 玉米粥煮好後，於 9x13 吋的耐熱烤皿（Pyrex 牌）抹上一點油，倒入玉米粥，放入冷藏定型，不需上蓋，約 30 分鐘。（若想事前煮好，可用保鮮膜封住，冷藏至多保存 5 天。）
4. 把定型的玉米粥倒在工作檯上，切八個方塊。
5. 於大型平底鍋注入橄欖油，以中大火加熱至微冒泡，放入最多玉米糕，同時避免太擠。將其煎至酥脆，呈褐色，每面需 6-8 分鐘。（若必要可使用防油濺網，避免油因濕潤的玉米糕而噴出。）
6. 把玉米糕裝盤，淋上煙花女醬。

綠豆粥佐菠菜

豆粥是印度最舒心的家常料理，當扁豆與米飯一起煮到軟爛，就如同粥品一樣。似乎每個印度家庭都有自己的版本。這個食譜來自於華盛頓特區 DC Dosa 小攤販的普莉亞・阿姆（Priya Ammu），放入嫩菠菜使顏色更繽紛，營養再升級。請到印度市場尋找阿魏（asafoetida，又稱 heeng/hing）。

4 份

1 杯 印度香米（basmati rice）
1 杯 乾燥綠豆仁（moong dal）
水
3 湯匙 植物油
2 茶匙 孜然籽
2 片 月桂葉
2 根 黑豆蔻莢（black cardamom pods）
½ 大顆 黃洋蔥，切薄片
3 湯匙 新鮮薑泥
3 瓣 大蒜，切碎
½ 茶匙 阿魏（asafoetida）
2 杯 堆疊緊密的嫩菠菜，切碎
½ 茶匙 薑黃粉
2 茶匙 猶太鹽，視口味調整

1. 將米飯與綠豆放入細篩網，在碗的上方用水沖淨，至濾出的水近乎清澈。將米和豆子倒入碗中，加水蓋過至少 5 公分，浸泡 2 小時。瀝乾後沖淨。
2. 把油倒入荷蘭鍋 / 厚重湯鍋，以中大火加熱至微冒泡，加入孜然籽、嫩菠菜、荳蔻拌炒，至香料顏色變深，油釋出濃郁香氣，約 30 秒。加入洋蔥、薑、大蒜、阿魏拌炒，至洋蔥呈淡褐色，約 6-8 分鐘。拌入菠菜炒軟。
3. 加入瀝乾的米和豆子，翻炒裹上油，約 2 分鐘。加入 4 杯水、薑黃、鹽，煮滾。轉小火，上蓋，以微滾狀態煮至米和豆子完全吸收水分，約 10-12 分鐘。上蓋，離火靜置 10 分鐘。試吃，若需要再拌入一點鹽，趁熱享用。

絕美烤花椰菜

4-6 份主菜搭配配菜 /
8 份開胃菜或配菜

¼ 杯 特級初榨橄欖油，另備澆淋用

4 瓣 大蒜，切碎

1 湯匙 檸檬皮細末

1 茶匙 海鹽

1 顆 花椰菜

⅓ 杯 芝麻醬

3 湯匙 中東綜合香料（za'atar）

1 茶匙 黑芝麻

2 杯 黑鷹嘴豆泥佐黑蒜與醃檸檬（頁 42）/ 自選鷹嘴豆泥

酥脆香料烤鷹嘴豆（頁 49）/ 煮熟黑鷹嘴豆 / 嫩菠菜 / 切碎醃檸檬（自由選擇，裝飾用）

芝麻醬與中東綜合香料可讓花椰菜裹上一層焦香外皮。我喜歡把花椰菜鋪在鷹嘴豆泥上，若是堅果風味明顯的黑鷹嘴豆泥（頁 42）就更好了。亦可使用本書裡（或自己喜歡的）任何一種鷹嘴豆泥。撒上烤好的鷹嘴豆，增添口感。

1 烤箱預熱至 200ºC。

2 於小碗拌勻橄欖油、大蒜、檸檬皮、鹽。

3 把花椰菜梗朝上置於砧板上，用鋒利水果刀去除粗梗、心與葉子，小心讓其餘部分保持原形，不要散開。

4 將花椰菜翻面，放在大型鑄鐵平底鍋 / 帶邊烤盤。用雙手將油塗抹在花椰菜上（包含底部）。

5 用鋁箔紙將平底鍋封緊，烤 30 分鐘，移除鋁箔紙，再烤 20 分鐘。取出平底鍋，小心地將鍋子傾斜，用湯匙將油淋在花椰菜上。

6 若芝麻醬非常濃稠，可放入小碗用高溫微波，至能流動，約 20-30 秒。將芝麻醬刷在花椰菜上，或是用淋的，使整顆花椰菜裹上醬汁，撒上 2 湯匙中東綜合香料與 ½ 湯匙芝麻。繼續烤成褐色、木籤能穿透，約 20-30 分鐘，偶爾撈起盤中的油淋在花椰菜上。

7 擺盤，把鷹嘴豆泥鋪入餐盤，放上花椰菜，撒上剩餘 1 湯匙中東綜合香料與 ½ 湯匙芝麻。淋上橄欖油，綴以鷹嘴豆、菠菜和 / 或醃檸檬。

酥脆豆飯佐煙燻豆腐

8 份

眉豆

3 湯匙 植物油

230 克 煙燻豆腐，切 1.3 公分丁狀

1 杯 黃洋蔥，切碎

1 根 胡蘿蔔，切碎

2 根 芹菜梗，切碎

2 茶匙 猶太鹽

1 茶匙 現磨黑胡椒粒

1 湯匙 乾燥百里香

1½ 杯 乾燥眉豆，沖洗乾淨

水

米飯

水

1½ 杯 茉莉香米

½ 茶匙 猶太鹽

1 湯匙 特級初榨橄欖油

豆飯（HOPPIN' JOHN）

猶太鹽，視口味調整（若需要）

2 湯匙 植物油

平葉香芹，裝飾用

辣醬，上菜用

這份食譜將鬆軟的眉豆飯變成酥脆煎餅，靈感來自於費城的大廚瓦拉麗．厄文（Valerie Erwin），她曾在經營 Geechee Girl Rice Cafe 的時候供應這道菜（當時使用火腿，而非煙燻豆腐）。訣竅是使用冷的眉豆和米飯，這對我來說是個難題，因為豆子煮好，我一定會想馬上吃一些。該怎麼辦呢？別抗拒了，就吃個 1-2 杯，或搭配 1-2 杯米飯享用。隔天再取等量眉豆與米飯混合做成煎餅。

1 烹調眉豆：將 2 湯匙油倒入大型平底鍋，以中火加熱至微冒泡。放入豆腐丁，經常翻面，煎至表面酥脆，約 10 分鐘。用漏勺將豆腐撈至舖有廚房紙巾的餐盤。

2 將剩餘 1 湯匙橄欖油倒入平底鍋，以中火加熱至微冒泡。加入洋蔥、大蒜、胡蘿蔔、芹菜，炒軟，約 10 分鐘。拌入鹽、胡椒、百里香，炒至香味釋出，約 30 秒。加入眉豆和 4 杯水，煮滾。調成中小火，開蓋把眉豆煮軟，約 35-45 分鐘。若需要，再加一點水蓋過豆子。拌入豆腐丁。冷卻至常溫，放入密封容器，可冷藏保存至多 1 週。

3 烹煮眉豆的同時，可製作米飯：把 3 杯水、米、鹽、橄欖油倒入中型湯鍋，以中火煮滾。調成小火，上蓋煮 15 分鐘。關火，讓米飯靜置 15 分鐘，打開鍋蓋將米飯拌鬆。冷卻至常溫，放入密封容器，可冷藏保存至多 1 週。

4 烤箱預熱至 260ºC。

5 製作豆飯：取適量冷飯放入大碗，用漏勺取等量眉豆倒入米飯的碗中，不要拌入煮豆水。（可將煮豆水當作美味高湯飲用。）攪拌均勻。試吃，視情況再加點鹽。

6 於可烘烤大型深平底鍋注油，不沾鍋尤佳，以中火加熱至微冒泡。放入米飯和眉豆鋪平，放入烤箱，烤至邊緣呈深褐色，約 20-30 分鐘。取出鍋子，靜置十分鐘。若使用不沾鍋，可將煎餅滑入大盤，罩上另一個盤子，同時翻面，使酥脆面朝上。若使用普通平底鍋，可能要分塊取出煎餅。賣相會較遜色，但一樣美味。

7 以香芹裝飾，搭配辣醬享用。

三姊妹迷你墨西哥玉米派

8 份

餡料

230 克 冬南瓜（請見「提要」），去皮去籽，切 1 公分丁狀

1 湯匙 特級初榨橄欖油，另備塗烤皿用

¾ 茶匙 猶太鹽，視需求調整

½ 茶匙 現磨黑胡椒粒

3 杯 煮熟 / 無鹽罐頭紅腰豆（一罐 820 克 / 兩罐 425 克），瀝乾沖洗

½ 茶匙 孜然粉

½ 茶匙 西班牙煙燻紅椒粉

玉米麵糊

½ 杯加 1 湯匙 植物性酥油

¼ 茶匙 猶太鹽

水

¾ 茶匙 泡打粉

340 克（2½ 杯）快煮墨西哥玉米粉（instant masa harina）

2⅔ 杯 蔬菜高湯（頁 216）/ 市售無鹽蔬菜高湯

½ 杯 香料豆腐費達起司（頁 217），或市售素食 / 乳製費達起司，捏碎。另備裝飾用（自由選擇）

1 杯 簡易炭烤綠莎莎醬（頁 217）/ 市售綠莎莎醬

香菜葉，裝飾用

這些墨西哥玉米派適合特別的日子，靈感來自於美洲國原住民的園藝理念，稱作「三姊妹」（間作南瓜、豆類與玉米）。我跟電視明星好友帕蒂・西尼姬（Pati Jinich）於某週六的烹飪聚會作出這道菜，專門為我在《華盛頓郵報》的〈週間夜晚蔬食〉（Weeknight Vegetarian）專欄而設計。帕蒂跟我說，她有時候會把墨西哥玉米派放入烤模，而不是包在玉米殼裡。我聽到之後迫不及待想要嘗試。我也貢獻了一些想法，建議把墨西哥玉米派脫模（非常容易！），放入莎莎醬中上菜，展示千層的外型。不妨試試不同品種的冬南瓜——得利卡特南瓜（delicata）、奶油南瓜（butternut）、橡實南瓜（acorn）等品種（除了金絲南瓜〔spaghetti〕，質地不適合），亦可加入番薯、胡蘿蔔、甚至是烤花椰菜。豆子的種類也很有彈性，可以用黑豆、斑豆，或任何喜歡的。需要八個約 170 克烤模。

1 烤箱預熱至 190ºC。

2 製作餡料：把南瓜、橄欖油、½ 茶匙鹽、胡椒於大型帶邊烤盤拌勻。烤至南瓜軟化，叉子能輕易穿透，約 15-20 分鐘。

3 把豆子、孜然、紅椒粉、剩餘 ¼ 茶匙鹽放入大碗。試吃，視情況再加點鹽。

4 製作玉米麵團：把酥油舀入桌上型攪拌機，安裝攪拌槳，以中高速將酥油打鬆，約 1 分鐘。加入鹽、¾ 茶匙冷水，繼續攪打至蓬鬆，呈白色，約 2 分鐘。調成低速，加入泡打粉、½ 杯玉米粉，慢慢調至中高速，待玉米粉與其他食材拌勻。

5 調成低速，加入約 ½ 杯高湯，慢慢調至中高速將食材打勻。重複步驟，輪流加入玉米粉和高湯，至兩者拌勻，調到高速，繼續攪打至非常蓬鬆，約 3-6 分鐘。測試麵糊是否已經完成，將 ½ 茶匙麵糊放入冷水，浮起來表示已完成，若沒有浮起來，則需要繼續攪打。

6 組裝的時候，將八個約 170 克烤模抹上少許油。

7 用湯匙取 ¼ 杯玉米麵糊倒入烤模底部，鋪平。於上方放上幾湯匙南瓜、¼ 杯豆子、1 湯匙費達起司。再加入 ¼ 杯玉米麵糊鋪平，使表面平整。

8 準備八張厚鋁箔紙，於亮面噴一點油，此面朝下緊緊封住烤模。放入大型帶邊烤盤，烤至表面稍微膨起，底部麵糊摸起來結實乾燥，約 1 小時。稍微靜置降溫後打開鋁箔紙。用刀子沿著邊緣劃下，將烤模倒扣於小盤脫模。

9 擺盤，於墨西哥玉米派周圍淋上 2 湯匙綠莎莎醬。撒上少許費達起司，若想要，可放一些香菜葉。趁熱享用。

備註

烤南瓜和香料豆子放入密封容器，可冷藏保存至多 1 週。組裝好尚未烤的麵糊可冷藏保存至多 3 天。烤熟的成品可冷藏保存至多 3 天。退冰後用 95°C 加熱，即可享用。

隨你命名酥餅

這道開放式酥餅是為了向歌手雪莉·卡莎（Shirley Caesar）致敬，其專輯之一「豆類、蔬菜、馬鈴薯、番茄」（beans, greens, potatoes, tomatoes）有一首歌曲叫做「隨你命名！」（You name it!）被錄製為影音版迅速傳播。靈感來自於飲食作家兼甜點師波淋娜·琪士妮可娃（Polina Chesnakova）的美麗酥餅麵團（galette）。這個麵團很好操作，不論餡料甜鹹都能搭配。此食譜的餡料是瑞可塔乳酪和起司，鋪上炒羽衣甘藍、洋蔥、番茄醬馬鈴薯片與紅腰豆。可自由加入喜歡的時蔬——然後隨你命名！但基底保持瑞可塔乳酪，以防止底部酥皮變得濕爛。

4-6 份

麵團

1 杯　麵粉，另備更多

¼ 杯　中 / 細磨玉米粉（cornmeal）

1 茶匙　糖

½ 茶匙　猶太鹽

½ 杯　冰的無鹽植物性 / 動物性奶油，切丁

水

2 湯匙　椰子腰果優格（頁 215），或市售素食 / 乳製優格

餡料

¼ 杯　素食 / 乳製起司絲，另備上菜用

1 杯　素食 / 乳製瑞可塔起司

2 湯匙　中東綜合香料（za'atar）

170 克　小顆紅色馬鈴薯，刷淨

2 湯匙　特級初榨橄欖油，另備澆淋用

1 小顆　小洋蔥，切薄片

3 瓣　大蒜，切薄片

½ 茶匙　碎紅椒片

½ 茶匙　猶太鹽，視口味調整

170 克　羽衣甘藍，切除梗，葉片切碎

1¾ 杯　煮熟 / 無鹽罐頭紅腰豆（425 克 / 罐），瀝乾沖洗

½ 杯　油漬風乾蕃茄，瀝乾切碎

1 湯匙　植物奶 / 動物奶

1 製作麵團：把麵粉、玉米粉、糖、鹽放入食物調理機，瞬轉攪打至食材拌勻。加入塊狀奶油，瞬轉 / 約略將食材打至類似粗粒玉米粉。

2 將 2 湯匙冰水與優格於小杯子混勻，於瞬轉攪打的過程慢慢倒入。麵團需保持濕潤但不會太黏，捏成塊時不會散開。若需要，一次加少量水調整。將麵團移至工作檯，揉成一塊圓餅狀，包上保鮮膜冷凍，準備製作餡料。（若想要，可冷藏 1 小時 / 隔夜。）

3 製作餡料：於中碗拌勻起司絲、瑞可塔乳酪、中東綜合香料。用叉子將馬鈴薯戳洞，用高溫微波 2 分鐘後降溫。

4 將橄欖油倒入大型平底鍋，以中大火加熱至微冒泡，加入洋蔥和大蒜炒軟，約 6-8 分鐘。拌入紅椒片和鹽，快速炒至香氣釋出。加入羽衣甘藍炒軟，約 10 分鐘，拌入豆子。調成大火，將湯汁盡量收乾，小心不要把羽衣甘藍炒焦。關火，試吃，視情況再加點鹽。降溫。

5 待馬鈴薯降溫後，切成薄片。若必要，可使用蔬果切片器。

（續下頁）

隨你命名酥餅

（續上頁）

6 餡料完成後，於工作檯灑上少量麵粉。將烤盤鋪上烤焙紙，麵團桿成 13 吋圓形，厚度約 0.3 公分，放入烤盤。

7 把瑞可塔乳酪餡鋪入麵餅，邊緣保留約 5 公分。以同心圓方式鋪上馬鈴薯片，隨意放上風乾番茄。把羽衣甘藍與豆子等食材舀至最上層，用刮刀鋪平。

8 將麵餅的邊緣折起，蓋住部分餡料（忍住不要拉扯），若需要，可重疊做出皺褶。於麵餅露出的地方刷上牛奶，撒上起司絲。冷藏 20-30 分鐘。

9 烤箱預熱至 190ºC。

10 把餅皮烤至酥脆，呈金黃色，約 1 小時，過程中需轉向。取出稍微降溫，淋上橄欖油，趁溫熱享用，亦可常溫享用。

咖哩風味鷹嘴豆蘑菇煎餅

這道菜改編自義大利鷹嘴豆煎餅（farinata）。參照洛杉磯大廚塔爾．羅南（Tal Ronnen）的食譜放入奶油南瓜後，我開始想還能有什麼改變。不知不覺聯想到我非常喜歡的印度鷹嘴豆可麗餅（pudla）。我把蘑菇和鷹嘴豆拌炒，於麵糊中加入馬德拉斯咖哩，並默默自認成果非常美味。務必使麵糊休息 1-2 小時，再開始製作鬆餅，如此顆粒感才不會太重。搭配沙拉 / 自選蔬菜享用。

8 份

1½-2 杯 鷹嘴豆粉

水，室溫

5 湯匙 植物油

½ 杯 香菜葉與軟梗，切碎，另備裝飾（可用香芹 / 薄荷取代）

½ 茶匙 馬德拉斯咖哩粉（Madras curry powder，可用其他自選咖哩 / 印度混合辛香料〔garam masala〕取代）

1 茶匙 猶太鹽，視口味調整

¼ 茶匙 現磨黑胡椒粒

½ 大顆 黃洋蔥，切碎

230 克 褐色蘑菇，切片

½ 杯 煮熟 / 無鹽罐頭鷹嘴豆（425 克 / 罐），瀝乾沖洗

2 湯匙 植物性 / 動物性奶油

1 顆 萊姆

1. 取中碗混合 1½ 杯鷹嘴豆粉和 2 杯水。加入 3 湯匙油、香菜、咖哩、鹽、胡椒，攪拌至質地如鬆餅麵糊。若需要，再加一點鷹嘴豆粉；必要的話，亦可全部加入。試吃，視情況再加點鹽。蓋上碗口，於室溫靜置 1-2 小時。
2. 烤箱預熱至 220ºC。
3. 將剩餘 2 湯匙橄欖油倒入 10 吋鑄鐵鍋 / 可烘烤平底鍋，以中火加熱至微冒泡。拌入洋蔥，炒軟未上色，約 6 分鐘。拌入蘑菇，炒至出汁，約 5 分鐘；炒 2-3 分鐘，至湯汁幾乎收乾。拌入鷹嘴豆與奶油，煮至奶油融化、鷹嘴豆煮熱。
4. 再次將麵糊混勻，務必將蘑菇和鷹嘴豆等食材平舖在平底鍋底，淋上靜置後拌勻的麵糊。小心地將平底鍋放入預熱烤箱，烤至邊緣呈褐色並向內縮，約 30 分鐘。取出鍋子，靜置十分鐘。
5. 擺盤，把煎餅倒扣於砧板，切八等份，亦可在鍋內切（需翻面，使餡料朝上）。擠上一點萊姆汁，用香菜裝飾。

飲品與甜點

這個章節就是驚喜：出乎意料地，豆類在某些地方表現也很好。出乎意料意思是，若你不熟悉亞洲廣泛使用小紅豆做甜點，也不知道美國穆斯林族群的白腎豆派，還有老生常談的黑豆布朗尼等，就說得通了。豆子可以取代某些 / 全部烘焙製品中的麵粉、像蛋一樣凝聚食材、帶來堅果般酥脆口感、打成果昔，還可以用豆水（罐裝鷹嘴豆裡的汁液）調製泡沫調酒。

椰漿豆子派

這道甜點的靈感來自於伊斯蘭民族的標誌白腎豆派。伊斯蘭民族遵照領袖以利亞・穆罕默德（Elijah Muhammad）的指示：「阿拉（真主）說，白腎豆派能夠讓你們生存，吃下去吧。」我向伊曼妮・穆罕默德（Imani Muhammad）學習製作這道傳統派品的作法，她在芝加哥經營的烘焙坊，每週可以賣出八百個白腎豆派。我讀到有篇文章封她為芝加哥的豆派女王，便訂購了一些，品嚐之後非常喜愛，於是打電話請她分享食譜。她告訴我，這個派她從小吃到大，學習製作是因為在家自學的小孩有一項計畫需要，之後很多人請她做，才決定開始販賣。她說：「我們接受的教育表示，由營養層面來看，所有你需要的白腎豆都有。」傳統的食譜包括白腎豆泥、雞蛋、牛奶、糖、奶油、麵粉、香料。烤的時候一些奶油會浮上表面，烤成褐色，造就獨特的外觀。我覺得這道派吃起來像是番薯派，帶有溫暖的肉豆蔻與肉桂辛香，也有點像南方起司派。我的素食版本偏離傳統食譜，不用辛香料，做成另一種我很喜歡的椰漿派。派皮酥脆，雙搭餡料，還有酥脆的烤椰肉。我敢說，吃過這個派的人，都察覺不出裡面有白腎豆，但為什麼要把它起來呢？白腎豆的好就應該要公告周知！

一份 9 吋

派皮

1½ 杯 麵粉，另備灑粉用

7 湯匙 冰的無鹽植物性／動物性奶油，切小塊

1 茶匙 猶太鹽

冰水

餡料

1 罐（400 毫升）全脂椰奶

1 杯 煮熟／無鹽罐頭白腎豆（425 克／罐），瀝乾沖洗

¾ 杯 砂糖

6 湯匙 木薯澱粉（tapioca starch）

1 茶匙 香草精

配料

2 罐（400 毫升／罐）全脂天然椰奶（不含瓜爾膠〔guar gum〕或其他穩定劑），於罐頭內隔夜冷藏

2 湯匙 糖粉

1 茶匙 香草精

1½ 杯 無糖大片乾燥椰子片

1. 製作派皮：取中碗將麵粉、奶油、鹽混勻，用手指將奶油塊捏入麵粉。加入 ¼ 杯冰水，用叉子拌勻，再加入 1 湯匙冰水，至捏緊一塊麵團不會散開即可。將麵團塑形成圓餅狀，包上保鮮膜冷藏，即可開始製作內餡與配料。

2. 製作餡料：把椰奶、豆子、砂糖、木薯澱粉、香草放入果汁機打到滑順，倒入小湯鍋，以中火不斷拌炒，至食材開始變濃稠，約 4-5 分鐘。裝入碗中，用保鮮膜貼著豆泥表面封口，避免表面形成痂皮。用鋒利水果刀於保鮮膜表面刺幾個氣孔。冷藏至少 2 小時／隔夜。

（續下頁）

椰漿豆子派

（續上頁）

3 製作配料：小心打開罐頭，不要搖晃，用湯匙將固體狀椰奶舀入碗中，質地較稀的椰子水留在罐頭內。（可用來製作果昔/湯品）用手持電動攪拌器/桌上型攪拌機，裝上打蛋器，把椰漿打至輕盈蓬鬆。加入糖粉和香草，混合均勻。

4 於大型平底鍋倒入椰子碎片，以中火加熱拌炒，至椰子碎片呈褐色，約 3-4 分鐘，裝入碗中降溫。

5 於工作檯和桿麵棍撒上少許麵粉。把麵團桿成直徑約 28 公分，鋪入 9 吋玻璃 / 陶瓷派盤，小心不要拉扯。修剪邊緣後稍作修飾。用叉子於底部戳洞，以保鮮膜封起，冷凍 30 分鐘。（若事前做好，可冷凍保存至多 3 天。）

6 準備好烤派之前，烤箱預熱至 220ºC。

7 移除派皮上的保鮮膜，於內部鋪上一張鋁箔紙，擺入硬幣 / 豆子 / 壓派石等重物。烘烤 15 分鐘，移除鋁箔紙和壓派石，繼續將表面烤至金黃酥脆，約 20-25 分鐘。取出降溫。

8 待餡料冷卻定型，刮入烤好的派皮，把表面抹平。於餡料上加入配料抹平，撒上烤椰子碎片。立即享用 / 罩住冷藏可保存至多 5 天。

茱莉亞的黑巧克力慕斯

茱莉亞・柴爾德（Julia Child）的經典巧克力慕斯收錄在《法式料理聖經》（*Mastering the Art of French Cooking*）一書，她會怎麼看這個素食版本呢？這麼嘛，她對於素食者始終不以為然，所以若能回到過去，讓她品嚐這道派，我應該不會先告訴她這是素食。她吃完應該會很開心，但我好奇若得知是素食版本不知道會反應如何。慕斯可能是罐頭豆水最高階與最好的用法。我敢說，她一定會對這種仿製蛋白的方法感到著迷。務必盡量找到品質最好的巧克力，素食巧克力我喜歡 Theo 品牌的 70% 黑巧克力。大衛・列博維茨（David Lebovitz）改編了原版食譜，用無咖啡因 / 紅茶取代咖啡，用一茶匙香草取代蘭姆酒。我喜歡添加覆盆子與一些杏仁條 / 核桃，增添酥脆口感。若想要，亦可擺上打發椰漿，但要明白，這些都只是錦上添花。

8 份

170 克　苦甜素食 / 傳統巧克力，切碎

¾ 杯　無鹽植物性 / 動物性奶油，切小塊

⅔ 杯加 1 湯匙　糖

¼ 杯　黑咖啡，放涼

2 湯匙　深色蘭姆酒

½ 杯　豆水（1 罐無鹽鷹嘴豆，頁 18）

½ 茶匙　塔塔粉

一撮　鹽

½ 茶匙　香草精

覆盆子，裝飾用

烘烤杏仁條 / 核桃碎，裝飾用

1 準備一大碗冰水。

2 於湯鍋將水煮至微滾，放上一個中型碗（能放入裝有冰水的碗）。於碗中加入巧克力、奶油、⅔ 杯糖、咖啡、蘭姆酒，攪拌至均勻滑順。離火，放入冰水的碗中，攪拌至冷卻濃稠。

3 把豆水倒入桌上型攪拌器，裝上打蛋器（亦可倒入深碗，用手持式電動攪拌器）。以中高速打到起泡，加入塔塔粉和鹽，打至濕性發泡。倒入剩餘 1 湯匙糖，打成乾性發泡，加入香草精。

4 取 ⅓ 打發豆水拌入巧克力，再拌入剩餘的份。小心不要過度拌攪，否則無法維持輕盈質地。

5 將慕斯放入大碗，或分裝至八個 ½ 杯容量烤模，若需要，可將表面推高塑形。用保鮮膜封起，冷藏定型，至少 4 小時。

6 把慕斯從冰箱中取出，靜置 30 分鐘待稍微變軟，用覆盆子和烤杏仁裝飾，即可上桌。

五香南瓜燕麥馬芬

12 個大馬芬

2¼ 杯 麵粉

¾ 杯 傳統燕麥片

1½ 湯匙 泡打粉

4 茶匙 中式五香粉（可用肉桂、八角、黑胡椒、茴香粉、丁香粉配方代替）

½ 茶匙 猶太鹽

1 罐（約 425 克）純南瓜泥（非南瓜派配方）

1 罐（約 425 克）無鹽白腎豆，瀝乾沖洗

1 杯 楓糖漿

¾ 杯 葵花油 / 葡萄籽油 / 其他中性植物油

3 湯匙 糖蜜

1 茶匙 香草精

1¼ 杯 烤腰果，切碎

½ 杯 薑糖，切碎

½ 杯 黑糖粉

這些馬芬讓人滿足，又不會太甜，帶有八角的深層辛香風味來自於中式五香粉而非無聊的南瓜派綜合香料。這份食譜靈感來自於我很喜歡的大廚兼作家伊莎·錢德拉·莫斯科威茨（Isa Chandra Moskowitz），其餐廳 Modern Love 位於布魯克林區。我實在忍不住加入白腎豆，增添具有魔力的蛋白質，也放入薑糖、燕麥、核桃與粗黑糖，增添風味與口感。

1 烤箱預熱至 230ºC，將兩個 6 吋馬芬烤模（大型）塗上一些油。

2 取中碗將麵粉、燕麥、泡打粉、五香粉、鹽拌勻。

3 用食物調理機將南瓜、豆子、楓糖漿、油、糖蜜、香草精打到滑順，倒入碗中與乾料混合。加入核桃、薑糖，拌勻，小心不要攪拌過頭。

4 將麵糊分裝至模具，灑上一點糖。烤 5 分鐘，將溫度調低至約 190ºC，再烤 13-15 分鐘，至牙籤插入取出時，表面維持乾燥不沾黏即可。

5 取出馬芬，靜置幾分鐘降溫，脫模，放在冷卻架上降溫。

大蕉黑芝麻白豆速成蛋糕

我吃過最好吃的香蕉蛋糕，是在緬因州波特蘭的咖啡廳 Tandem Coffee，表面有黑芝麻粒與砂糖，底部則是濕潤香甜的蛋糕。太美味了！我運用這個概念，做出最好吃的香蕉蛋糕。食譜來自於《廚師詳解》（*Cook's Illustrated*）雜誌，及美國實驗廚房的出版品《人人素食》（*Vegan for Everybody*）。我對自己證明了兩件事：白豆是很好的蛋白質來源，能完美融入香蕉蛋糕；過熟的大蕉比香蕉還適合。若香蕉比大蕉容易取得，不妨就用香蕉取代吧。但黑芝麻能夠讓美味升級，千萬不要省略。

1 大條

6 湯匙 葡萄籽油 / 其他中性植物油，另備模具用

2 杯 麵粉，另備模具用

1½ 杯 核桃，切半

¾ 杯 砂糖

1 茶匙 烘焙小蘇打粉

½ 茶匙 猶太鹽

4 湯匙 黑芝麻

3 根 熟成大焦（黃色佈滿黑點），剝皮搗成泥

½ 杯 椰子腰果優格（頁 215），或市售原味杏仁 / 椰奶優格，亦可使用自選原味乳製優格

1 杯 無鹽罐頭白腰豆 / 白腎豆 / 美國白豆，瀝乾沖洗

1 湯匙 新鮮檸檬汁

2 茶匙 香草精

2 湯匙 黑糖粉

1 烤箱預熱至 180ºC，將 23×12×8 公分的長條模具塗上一點油，灑入麵粉，倒出多餘的粉。

2 核桃放入小型帶邊烤盤，烤至香氣釋出，約 6-8 分鐘。取出切碎。

3 取大碗將麵粉、砂糖、泡打粉、鹽、2 湯匙芝麻拌勻。待核桃降溫後一起拌入。

4 把油、大蕉、優格、豆子、檸檬汁、香草倒入食物調理機，將多數食材打至滑順（有塊狀大蕉果肉沒關係）。

5 把濕性材料倒入乾性材料，輕輕拌勻。倒入備用蛋糕模，將表面抹平，用奶油抹刀於表面中間縱向劃出凹槽。於凹槽內撒入剩餘 2 湯匙芝麻與大部分黑糖粉，剩餘的黑糖粉灑在表面其他地方。

6 待表面烤至定型，呈深金色，用牙籤插入不會沾上麵糊，約 1 小時（烘烤過程要轉向、前後對調位置）。

7 取出蛋糕，靜置 10 分鐘降溫。用奶油抹刀沿著邊緣鬆模，脫模，放在冷卻架至少 30 分鐘後可溫熱上桌，或降溫 3 小時後以常溫享用。

紅豆冰淇淋

約 3½ 杯

甜紅豆

½ 杯 乾燥紅豆

水

1 片（約 8×13 公分）乾燥昆布

⅔ 杯 糖

冰淇淋

2 杯 生腰果，泡水至少 2 小時 / 隔夜，瀝乾

水

½ 杯 糖

¼ 杯 原味植物性 / 動物性奶油乳酪

2 湯匙 玉米澱粉

2 湯匙 淡味玉米糖漿

¼ 茶匙 猶太鹽

這是亞洲經典的冰淇淋口味，紅豆在亞洲會加糖煮，做成各式甜點，如麵包、冰、甜湯等。這份食譜參考辛西亞·陳·麥特南（Cynthia Chen McTernan）的《家常餐桌》（*A Common Table*）一書與冰淇淋創業家珍尼·布里頓·鮑爾（Jeni Britton Bauer）其版本。

1 製作甜紅豆：將豆子、4 杯水與昆布放入小型湯鍋，以中大火煮滾。把火轉小，以微滾狀態，上蓋，煮至豆子能輕易用手指捏爛，約 60-90 分鐘。（不時檢查水量，若需要，再加一點水蓋過豆子。）

2 待豆子煮軟，取出昆布丟棄。水量務必要覆蓋過豆子，拌入糖，以中火煮滾，待豆水煮成如同糖漿，約 10-15 分鐘，放涼均分兩份，保留煮豆水 / 糖漿。

3 製作冰淇淋：把腰果、1½ 杯水倒入高馬力果汁機（如 Vitamix），打至滑順。成品約 3 杯，若不夠，可加點水。加入糖、奶油乳酪、玉米澱粉、玉米糖漿、鹽，打至非常滑順。若需要，可將壁上的食材刮入盆中。

4 將混合的食材倒入有蓋的儲存容器，拌入一半煮好的紅豆與糖漿。上蓋冷藏至少 2 小時（隔夜尤佳）。依照冰淇淋機的指示加工做成冰淇淋。放回儲存容器冷凍至定型，約 2 小時。

5 把冰淇淋挖入碗中，淋上剩餘紅豆。

備註

製作冰淇淋需要事前規劃：若冰淇淋機的製冰槽未事先放入冷凍庫，務必要放入冷凍庫最冷的地方至少 24 小時，才能開始製作冰淇淋。冰淇淋「液」需要時間冰鎮，隔夜尤佳，之後再放入機器加工。加工完還需冷凍至少 2 小時。非乳製品冰淇淋冷凍後會比乳製種類更結實，若太硬挖不起來，可以先退冰，把冰淇淋挖小塊放入食物調理機，以瞬轉打成小球狀。再放回保存容器，用湯匙 / 刮刀抹平後再挖出來。

荳蔻萊姆白豆邦特蛋糕

12-16 份

餡料 / 配料

½ 杯 無鹽植物性 / 動物性奶油，另備模具用

½ 杯 細紅糖

3 杯 煮熟 / 無鹽罐頭白腎豆（一罐 820 克 / 兩罐 425 克），瀝乾沖洗

1 杯 無鹽烤開心果，切碎

1 杯 無糖乾燥椰子絲

麵糊

1¼ 杯 砂糖，另備模具用

3 杯 麵粉

2 茶匙 烘焙小蘇打粉

1 茶匙 猶太鹽

½ 茶匙 泡打粉

1 湯匙 荳蔻粉

⅔ 杯 紅花油（safflower oil）

1 杯 新鮮萊姆汁

1 杯 低脂椰奶

2 茶匙 香草精

3 湯匙 萊姆皮細末

糖霜

¼ 杯 新鮮萊姆汁

2 杯 糖粉

¼ 杯 精煉椰子油，融化

1 茶匙 檸檬萃取液（自由選擇）

我非常喜歡製作將豆泥混入麵糊的蛋糕。但若想讓豆子更突出，我就會向素食烘焙女王弗朗．科斯蒂根（Fran Costigan）求救，激盪腦力。起初我想要改編她超好吃的大柳橙邦特蛋糕，弗朗建議：何不將豆子放入麵糊層之間當作內餡？太聰明了！我也用自己喜歡的食材取代原始版本，用萊姆汁、椰奶、荳蔻、糖化白腎豆、開心果、椰子當作餡料。最後再以萊姆糖霜畫龍點睛。餡料幾乎只用一半，可將另一半保存起來，跟蛋糕一起上桌。

1 製作餡料 / 配料：於小型湯鍋將牛奶與紅糖以中火加熱，煮至紅糖融化。加入豆子，偶爾攪拌，煮至湯汁變稠，豆子顏色稍微變深，約 6-8 分鐘。拌入開心果與椰子，離火，靜置降溫。（若想要加速冷卻，可將煮好的食材倒入小型帶邊烤盤，鋪平，放入冷藏。）

2 烤箱預熱至 200ºC，於中間放入烤架。取容量介於 10-20 杯的邦特蛋糕模徹底抹油，灑上一點砂糖。

3 製作麵糊：取中碗將砂糖、麵粉、烘焙小蘇打粉、鹽、泡打粉、荳蔻拌勻。

4 於另一個碗中混合油、萊姆汁、椰奶、香草、萊姆皮，倒入乾性材料，攪拌至滑順。

5 將稍微多於一半的麵糊倒入備用蛋糕模。平均鋪上餡料，倒入剩餘的麵糊。蛋糕模約四分之三滿。（若有剩餘約一杯的麵糊，可用 1-2 個小烤模 / 卡士達蛋糕杯烘烤。）用小刮刀將表面抹平，旋轉蛋糕模，使麵糊均勻分布，輕敲使氣泡釋出。

6 烘烤約 55 分鐘，或蛋糕呈金黃色，中央稍微結實，輕壓後回彈，於中央附近戳入木籤不會沾黏麵糊 / 出現一些碎屑即可。

7 取出蛋糕，於冷卻架靜置 15 分鐘降溫。取另一個網架放在蛋糕上，將蛋糕倒扣，輕輕搖晃模具脫模。待蛋糕完全冷卻，淋上糖霜，即可上桌。

8 製作糖霜：把萊姆汁、糖粉、椰子油倒入食物調理機，若想要可加入檸檬萃取液，打到滑順。盡量馬上使用，蛋糕降溫時先放入冷藏，待需要時再取出。若糖霜凝固，快速微波使其融化，但務必要以常溫狀態淋上蛋糕。

9 將完全冷卻的蛋糕放入餐盤，淋上一點糖霜。於周圍舀入剩餘餡料即可上桌。

薄荷巧克力脆片與白豆燕麥餅乾

約 24 塊餅乾

1½ 杯 無鹽罐裝白腎豆與豆水（頁 18，425 克 / 罐），打成泥

½ 杯 植物性 / 動物性奶油，常溫，亦可用精煉椰子油

½ 杯加 2 湯匙 細紅糖

¼ 杯 杏仁奶

1 茶匙 薄荷精

1 茶匙 香草精

2 杯 傳統燕麥片

1 茶匙 猶太鹽

½ 茶匙 烘焙小蘇打粉

½ 茶匙 泡打粉

½ 杯 半糖無乳 / 傳統巧克力脆片

這個食譜綜合兩種我最愛的餅乾 —— 薄荷巧克力脆片與燕麥餅乾，還完美融入了白豆。酥脆有嚼勁，是我認為最理想的餅乾質地。要堅忍不拔，不要趁溫熱時就開吃，否則餅乾很容易會碎開。降溫後，一切就都完美了。

1 烤箱預熱至 180ºC，於上下層各放入一個烤架。準備兩個烤盤，塗上一點油。

2 把豆子瀝乾，留下 3 湯匙豆水備用（罐頭內汁液）。將豆子沖洗乾淨，用叉子徹底壓碎。

3 於小碗用手持攪拌機（亦可用手打），以中速攪打豆水約 2 分鐘，直到變濃稠。裝入大碗 / 桌上型攪拌機，裝上攪拌槳，加入奶油和紅糖，以中速攪打一分鐘至食材滑順。加入杏仁奶、薄荷、香草精，攪打 30 秒。加入豆子打到滑順，約 1 分鐘。

4 加入燕麥、鹽、烘焙小蘇打粉、泡打粉、巧可力片，以低速拌勻。用保鮮膜封口（或盤子罩住），放入冷藏至少 30 分鐘 / 隔夜。

5 取 2 湯匙麵團放上烤盤，塑成圓形，麵團間至少保留約 5 公分距離，將麵團稍微壓平。烤至底部呈深褐色，約 25 分鐘，過程中烤盤要上下前後調換位置。

6 取出餅乾，於烤盤上降溫約 5 分鐘，用鏟子小心將餅乾移至冷卻架，繼續降溫。

巧克力鷹嘴豆抹醬

大廚丹尼斯・傅利曼（Dennis Friedman）身兼華盛頓特區小型連鎖速食餐廳 Shouk 的共同經營者。他製作這道點心，以利將營養走私進美味甜點中。你可以將這個抹醬當作榛果可可醬（Nutella）或其他巧克力 / 巧克力堅果抹醬使用：用水果沾食，當作點心；搭配香蕉、花生醬 / 杏仁奶油做成三明治；抹在小餅乾 / 可頌麵包，或與果醬一起烤。

3 杯

3 杯 煮熟 / 無鹽罐頭鷹嘴豆（一罐 820 克 / 兩罐 425 克），瀝乾沖洗

水

½ 杯加 2 湯匙 楓糖漿

½ 杯 荷蘭精製可可粉

1 茶匙 香草精

½ 茶匙 猶太鹽，視口味調整

2 湯匙 糖

1 將鷹嘴豆、⅔ 杯水、楓糖漿、巧克力、香草、鹽、糖倒入果汁機，打成滑順。（若使用 Vitamix 等高馬力機型，就能更滑順。亦可使用普通果汁機 / 食物調理機，雖然成品顆粒較粗，但還是一樣美味。）試吃，視情況再加點鹽。

2 成品放入冷藏至少 2 小時，使抹醬稍微定型，效果會最好。放入密封容器，可冷藏保存至多 1 週。

巧克力紅豆玫瑰布朗尼

到底有沒有黑豆布朗尼？相信我，真的做得出來。既然如此，紅豆在亞洲大受青睞，能夠做成許多甜點，不妨做紅豆布朗尼吧。我的食譜基礎是達納·舒茲（Dana Shultz）超好吃的無麩質簡易布朗尼，再敲敲打打，改編出我的版本。加入紅豆，捨棄黑豆；使用豆水（罐頭內汁液），而非紅豆水，因為豆水風味較柔和；捨棄亞麻籽；加入鷹嘴豆粉使結構更突出。最重要的訣竅，靈感取自於我的朋友兼食譜作家泰絲（Tess）其著作《果汁機女孩》（*The Blender Girl*）中的萬能玫瑰水。布朗尼內部綿密軟黏，外頭帶有咬勁，簡單到隨時都可以製作。

6 份

3 湯匙 植物性 / 動物性奶油，融化，亦可用椰子油，另備模具用

½ 杯加 1 湯匙 鷹嘴豆粉，另備工作檯用（可用中筋麵粉代替）

1 罐（約 425 克）無鹽紅豆，瀝乾沖洗

⅔ 杯 豆水（1 罐無鹽豆水，頁 18）

¾ 杯 荷蘭精製可可粉

½ 茶匙 猶太鹽

1 湯匙 玫瑰水

1 茶匙 香草精

⅔ 杯 糖

1½ 茶匙 泡打粉

2 湯匙 無乳 / 傳統半糖巧克力脆片（自由選擇）

2 湯匙 核桃或開心果，切碎（自由選擇）

2 茶匙 乾燥有機玫瑰碎花瓣（自由選擇）

1 烤箱預熱至 180ºC，將 6 吋馬芬模（大型）塗上一些油，灑上麵粉，倒出多餘的粉。

2 於食物調理機放入奶油、麵粉、紅豆、豆水、可可粉、鹽、玫瑰水、香草、糖、泡打粉，打成滑順，約 2-3 分鐘。若需要，可將壁上的食材刮入盆中。

3 把麵糊分裝至備用馬芬模，用湯匙抹平表面。可用巧克力脆片、堅果和 / 或玫瑰花瓣撒在表面。

4 將表面烤乾，邊緣向內縮，約 20-25 分鐘。取出馬芬，冷卻 30 分鐘，用叉子脫模。內部應該帶有軟黏綿密感，若看起來太濕不用擔心。

5 放入密封容器，可室溫保存至多 3 週，冷凍最多 3 個月。

鷹嘴豆果仁糖

（頁 204，圖）

18-24 顆果仁糖

1½ 杯 烤鷹嘴豆（參照頁 49 作法烘烤，使用中性植物油，不要加鹽與辛香料）

1½ 杯 砂糖

¾ 杯 細紅糖

½ 杯 全脂椰奶（不要用脫脂的）

6 湯匙 植物性／動物性奶油

½ 杯 猶太鹽

1 茶匙 香草精

年少的時候，我仍不清楚自己錯過了什麼樣的南方風格果仁糖。我以為所有的果仁糖，就等於在聖安吉洛德州墨西哥餐廳離開時會拿的那種帶顆粒硬糖果。直到我的妹妹泰瑞（Teri）帶我到喬治亞州薩凡納一家很棒的糖果店，品嚐到溫熱現做、樸實無華包著烤胡桃的奶油糖果，我才明白真相。我一直沒有在家做過，但幾年前我在 The Kitchn 網站上看到愛瑪・克莉史汀森（Emma Christensen）的完美食譜，不意外地做法不難。但我想挑戰自己：做出兩大改變——做成素食版，還有用烤鷹嘴豆取代胡桃，還會有人喜歡嗎？我將兩種糖、椰奶與植物性奶油加熱至約 114ºC，答案很快就明朗了：沒錯，果然好吃。準備探針式溫度計／糖果溫度計（candy thermometer）固定在鍋子邊緣。

1 準備一張放果仁糖的烤焙紙與兩把湯匙：一把將糖果放上烤焙紙，另一把將糖果從湯匙刮下來。

2 於中型湯鍋（至少 3.8 公升）倒入鷹嘴豆、砂糖、紅糖、椰奶、奶油、鹽、香草，以中大火加熱。偶爾攪拌至食材煮滾，接著持續攪拌，煮到溫度介於 114ºC-116ºC，約 3 分鐘。

3 馬上離火，持續大力攪拌，食材很快會變得如奶油般混濁，質地濃稠。發現出現帶顆粒的質感後，糖漿就完成了。

4 取一湯匙果仁糖放上烤焙紙。動作要快，否則糖漿冷卻會開始凝固。待果仁糖冷卻變硬，靜置至少 10 分鐘再享用。放入密封容器可保存幾天，但最佳賞味期間是 24 小時內。

白豆與芒果椰子薄荷薑味果昔

這種淺綠色的果昔改編自芒果拉西（lassi），帶點酸味與薄荷生薑的辛辣清涼感，白豆亦添加額外的纖維質與滑順口感，完美融入飲品。這道食譜適合用罐裝豆類，該有的營養都有，但風味較淡，不如烹調乾燥豆子時所添加的蔬果香氣。備註：若使用冷凍芒果丁，可以先不要加冰塊，有需要再加一些到果汁機裡。

4 杯

1 杯 無鹽罐頭白腰豆 / 其他種類白豆，瀝乾沖洗

1 大顆 芒果，果肉切丁

1 罐（約 400 毫升）全脂椰奶

¼ 杯 鬆散疊起的薄荷葉

3 湯匙 龍舌蘭花蜜（agave nectar）

2 湯匙 新鮮薑泥

2 湯匙 新鮮萊姆汁

½ 茶匙 薑黃粉

¼ 茶匙 猶太鹽（自由選擇）

2 杯 冰塊

1 於高馬力果汁機（如 Vitamix）依序倒入豆子、芒果、椰奶、薄荷、龍舌蘭花蜜、薑、萊姆汁、薑黃、鹽，若想要可以加冰塊。（冰塊務必放在最上層比較好攪打。）打至滑順，立即享用。

巧克力鷹嘴豆塔

一份 **10** 吋

230 克 薑餅，剁碎

8 顆 無花果乾，略切

5 湯匙 無鹽植物性／動物性奶油，常溫

¼ 茶匙 細海鹽

1 罐（約 425 克）無鹽鷹嘴豆，瀝乾沖洗（保留煮豆水 / 豆水，頁 18）

水

¼ 杯 新鮮柳橙汁

¼ 杯 香橙干邑甜酒（Grand Marnier）/ 君度橙酒（Cointreau）

2 湯匙 糖

57 克 苦甜巧克力（可可含量 70% 以上尤佳），融化降溫

¼ 杯 荷蘭精製可可粉

¼ 茶匙 香草精

1 湯匙 柳橙皮

2 湯匙 椰子油，融化

½ 杯 豆水（上述備用的豆水）

覆盆子，裝飾用

當你雇用的食譜測試者不只能夠改編食譜、指出缺漏的食材和 / 或步驟、替你善後，還能寄一份原創食譜適合收錄在書裡，真的會喜極而泣，覺得找對了人。當時克麗斯汀．哈特基（Kristen Hartke）正在尋找免烘烤的甜點提供派對賓客享用，於是嘗試了流行的巧克力鷹嘴豆泥塔。這份食譜用果汁、果皮、利口酒增添柳橙香氣，搭配黑巧克力，鷹嘴豆和豆水則增添本體質量，取代了乳製品與雞蛋。這道甜點口感豐富，若想要使用較小的塔模，必須將食材切得比較小。搭配覆盆子食用。

1 把餅乾放入食物調理機打到非常細，加入無花果、奶油、鹽，以瞬轉拌勻做成塔皮。將塔皮壓入 10 吋活底塔模底部，邊緣壓緊，放入冷藏，此時可以製作餡料。將食物調理機容器、刀片、蓋子洗淨擦乾。

2 準備一個碗，用雙手於碗的上方輕柔地揉捏鷹嘴豆，一次抓起一把，幫助外皮於加熱時脫落。

3 把鷹嘴豆（包含皮）倒入小湯鍋，加水蓋過豆子約 7.6 公分，以大火煮滾後關火。用漏勺 / 小篩網撈起表面浮起的外皮丟棄。用力攪拌，使更多外皮浮出，撈出丟棄。若有耐心，可以用手去皮。（目標是去除 ½ 杯外皮）不可能將全部去皮，但去除的量越多，餡料會越絲滑。

4 待鷹嘴豆完全瀝乾後，倒回鍋中，以中大火加熱。倒入柳橙汁、香橙干邑甜酒、糖，煮至微滾。調成中火，將醬汁煮至如糖漿般濃稠，約 10-15 分鐘，冷卻至常溫。

5 將煮好的鷹嘴豆等食材放入食物調理機，加入巧克力、可可粉、香草、柳橙皮、椰子油、2 湯匙豆水。瞬轉將食材拌勻，再以高速打至非常滑順。馬達運轉時，倒入剩餘豆水，繼續攪打。若需要，可將壁上的食材刮入盆中。

6 把巧克力鷹嘴豆餡料倒入冰鎮的塔皮，用抹刀將表面抹平。放入冷藏，不用蓋上，至定型為止，約 1-2 小時。（若想要冰更久，定型後包上保鮮膜，冷藏最多可保存 3 天。）

7 擺盤，取出冷藏內的塔，於室溫靜置至少 10 分鐘，脫模。切片，鋪上覆盆子，即可享用。

鹹味瑪格麗特

1 份

1½ 湯匙 豆水（1 罐約 425 克無鹽鷹嘴豆，頁 18）

¼ 茶匙 細海鹽

冰塊

2 湯匙 新鮮萊姆汁

3½ 湯匙 龍舌蘭酒，白色／陳年龍舌蘭尤佳

1 湯匙 君度橙酒（Cointreau）

1 湯匙 龍舌蘭花蜜（agave nectar）

萊姆皮細末，裝飾用（自由選擇）

華盛頓特區的墨西哥餐廳 Oyamel 由何塞．安德烈斯（Jose Andres）經營，他們的瑪格麗特在我心中數一數二。我點的瑪格麗特杯口不會抹鹽，因為脆鹽粒太鹹，會讓我無法好好品嚐龍舌蘭、萊姆與利口酒的組合。Oyamel 解決了這個困境，沒有在杯口抹鹽，而是在瑪格麗特表面鋪上一層「鹹味氣泡」以增添鹹味，喝的時候會沾到嘴邊，看起來就像是鬍子，喜歡的人一定會覺得有趣。Jose & Co. 是西班牙當代料理巨擘，我發現這層「氣泡」需要特別調製，許多材料無法取得，但是我有很多豆水，調酒師也會用豆水製作無蛋的泡沫調酒，像是費士（fizz）、蛋蜜酒（flip）、酸酒（sour）等飲品。製作經典調酒，會將蛋／蛋白與其他材料一起搖，頂端便會浮起一層泡沫。但我想把鹹味侷限在表面的泡沫，所以我依照羅伯特．西蒙森（Robert Simonson）的《好喝飲品》（*A Proper Drink*）食譜調製甜一點的瑪格麗特，將少量豆水加鹽打至起泡，將泡沫放在上方，乾杯。

1. 把豆水和鹽倒入小碗，攪打至體積增加，如白色泡沫。
2. 於雪克杯裝入冰塊，倒入檸檬汁、龍舌蘭酒、君度橙酒、龍舌蘭花蜜。蓋起杯口，大力搖動 15 秒，將酒瀝出倒入調酒杯。
3. 將豆水泡沫舀至表面，若想要，可用萊姆皮裝飾，即可享用。

7

調味品與披薩

其他儲藏性食譜

本章節食譜非使用豆類製作，而是讓豆類料理更特別的額外配料。

蒜香美乃滋

約 1 杯

1 瓣 大蒜

¼ 杯 豆水（1 罐約 425 克無鹽鷹嘴豆，頁 18）

2 湯匙 煮熟 / 罐頭無鹽鷹嘴豆

¾ 茶匙 第戎芥末

½ 茶匙 猶太鹽，視口味調整

¾ 杯 葡萄籽油 / 其他中性植物油

1 湯匙 新鮮檸檬汁，視口味調整

快訊：有了豆水（煮鷹嘴豆的水），不用雞蛋也能製作美乃滋，效果就跟蛋白差不多。我第一次試做後，覺得效果不錯，但可以更濃稠。有什麼比鷹嘴豆更能幫助提升濃稠度？後來發現，有這個想法的人不只有我。在華盛頓特區 Littel Sesame 餐廳的朋友跟我說，他們也這麼做，英雄所見果然略同。注意，用小型食物調理機 / 輕巧型果汁機最容易，因為較大的機型往往需要加入更多食材。亦可使用手持式攪拌棒，若瓶子的開口大小能放入攪拌棒就很適合。

1 切開蒜瓣，去除內部綠芽，否則生吃會太苦。

2 於迷你食物調理機 / 輕巧型果汁機加入大蒜、豆水、鷹嘴豆、芥末、鹽打至滑順。運轉的同時緩緩倒入油，待食材開始變濃稠，可加快注油的速度。（使用手持式攪拌棒需要攪打幾分鐘，才會開始變濃稠。）至倒入全部的油，質地變得濃稠，即可加入檸檬汁，攪拌幾秒鐘至混合均勻。試吃，視情況再加點鹽和檸檬汁。

3 放入密封容器，可冷藏保存 1 週。

椰子腰果優格

使用少量腰果有助於讓這種素食優格變得較濃稠。凡事想要增添一點（或更多）滑順酸味，都可以添加這種優格，像是淋在墨西哥夾餅上、搭配水果穀物早餐，亦可用於鷹嘴豆龍蒿沙拉三明治（頁128）、大蕉黑芝麻白豆速成蛋糕（頁197）等。

約1公升量

½杯 生腰果，泡水至少2小時/隔夜，瀝乾

2罐（400毫升/罐）全脂椰奶（不要用脫脂）

1顆 益菌膠囊（probiotic capsule）

1 把腰果與椰奶放入果汁機打至非常滑順，倒入乾淨滅菌的一公升瓶子。打開益菌膠囊，將粉撒入椰奶，輕輕攪拌。

2 以乾淨的茶巾/紗布罩住，用橡皮筋或玻璃罐蓋環固定。（優格第一次發酵需要呼吸，請勿用蓋子封口。）

3 把玻璃罐放在溫暖處，靜置24小時，試吃是否出現酸味。若還沒，再靜置24小時，試吃。待出現微酸的味道，上蓋密封，放入冷藏可以保存1週。（若開始分層，封口後先搖晃，再放入冰箱。）

4 冰鎮後質地會更加濃稠，可能會再次分層。視優格的軟硬程度而異，可舀入碗中，加一點液體調整至想要的濃度。

快煮煙燻紅莎莎醬

約 **2** 杯

1 罐（約 400 克）番茄丁，烤過尤佳

¼ 杯 疊起的新鮮香菜葉和嫩莖，切碎

1 大瓣 大蒜，切半

1 根 奇波雷辣椒（泡入阿斗波醬，adobo sauce），視口味調整

½ 茶匙 猶太鹽，視口味調整

1 湯匙 新鮮萊姆汁，視口味調整

以前只要想用美味的莎莎醬搭配墨西哥夾餅、脆玉米餅、什錦穀物沙拉，卻沒時間煮飯，我就會做這款莎莎醬。之後就算時間有餘裕，我每 1-2 週還是會做一次，因為這款莎莎醬真的很好吃。你可能再也不需要買莎莎醬，就是這麼簡單。訣竅：亦可用剩餘的番茄義大利麵醬，取代罐頭番茄，瞬間將義大利風格變成墨西哥風格。

1 把番茄、香菜、大蒜、奇波雷辣椒、鹽、萊姆汁倒入食物調理機 / 果汁機打勻，不要打太細，留一點塊狀食材。試吃，視情況再加點阿斗波醬、鹽和 / 或萊姆汁。

蔬菜高湯

約 **12** 杯

水

2 顆 黃 / 白洋蔥，切 2.5 公分塊狀

1 顆 芹菜，切 2.5 公分塊狀

2 大根 胡蘿蔔，切 2.5 公分塊狀

1 顆 茴香，保留葉子，切 2.5 公分塊狀

2 顆 八角

2 湯匙 香菜籽

4 片 月桂葉

2 茶匙 碎紅椒片

1 顆 檸檬，切半

1 顆 大蒜，去皮

蔬菜修剪後剩餘的份我會放入冷凍庫，待累積足夠的量，就會做成快速的蔬菜高湯。若想要更深層的風味，我會用艾蜜莉．莎雅（Emily Shaya）的食譜，她在紐奧良的 Saba 餐廳服務。加入一些香料與檸檬，就很適合用來製作紐澳良紅豆飯（頁 106），這也是她最喜歡使用的方法。此外，也很適合用於湯品、燉鍋、米飯料理（雙豆日式小甜椒西班牙燉飯，頁 177 頁），亦或想要如水般的質地，但更有風味的選項。

1 把 4 公升水、洋蔥、芹菜、胡蘿蔔、茴香、八角、香菜籽、月桂葉、紅椒片、檸檬、大蒜倒入大湯鍋，以中大火煮滾。調成中小火，開蓋燉煮 30 分鐘至 2 小時（煮越久濃度越高）。瀝出固體食材丟棄。

2 可立即使用，或倒入玻璃罐冷藏保存 5 天。亦可倒入製冰盒冷凍，將高湯冰塊放入約四公升密封袋，冷凍保存最多 6 個月。

簡易炭烤綠莎莎醬

有些墨西哥綠莎莎醬的食譜會建議把墨西哥黏果酸漿煮滾，加入洋蔥、香菜與油。但這個來自於華盛頓特區大廚克里斯汀．伊拉比安（Christian Irabién）的速成版本，只需要一些食材，就能煮出豐富的風味。關鍵在於焦香。

約 1¾ 杯

2 湯匙 植物油

450 克 墨西哥黏果酸漿（tomatillos），去殼、沖洗乾淨、瀝乾

1 大根 墨西哥辣椒

1 茶匙 猶太鹽，視口味調整

1 於大型平底鍋注油，開中大火。準備防濺板，打開抽油煙機 / 窗戶 / 電風扇。油鍋微冒泡時，加入黏果酸漿和辣椒，需要時翻面，至墨西哥辣椒完全焦黑、黏果酸漿的頂部和底部（有很多面會滾動，不可能全部炸焦）也都焦黑。

2 去除墨西哥辣椒的梗，跟黏果酸漿一起放入果汁機 / 食物調理機，打成滑順。拌入鹽、試吃，視情況再加點鹽。

香料豆腐費達起司

這款起司質地絲滑，帶有酸勁和鹹味，非常適合替許多豆類菜餚畫龍點睛，亦適合搭配墨西哥夾餅。醃越久，越美味。備註：用結實但不要太硬的豆腐，才會最滑順。

約 3 杯

1 塊（約 400 克）泡水結實豆腐（原料是已發芽黃豆尤佳），瀝乾

¼ 杯 新鮮萊姆汁

¼ 杯 蘋果醋

¼ 杯 特級初榨橄欖油，另備保存豆腐用

2 湯匙 風味溫和的白味噌

2 杯 營養酵母

1 茶匙 猶太鹽

½ 茶匙 現磨黑胡椒粒

4 條 檸檬皮

1 小根 迷迭香

2 小根 新鮮百里香

2 小根 新鮮奧勒岡

1 把豆腐用餐巾紙包起來，以高溫微波 1 分鐘。取出豆腐，替換新的餐巾紙，再次加熱。取出豆腐放涼，切成約 1.3 公分丁狀。

2 豆腐冷卻的同時，於中碗拌勻檸檬汁、醋、橄欖油、味噌、營養酵母、鹽、胡椒。

3 將豆腐放入高的玻璃罐，倒入醃料。塞入檸檬皮、迷迭香、百里香、奧勒岡，上蓋冷藏至少 2 小時候再使用。將整個瓶子上下翻轉幾次（確保豆腐完全裹上醃料。）

4 放入密封容器可冷藏保存 2 週。

豆類儲藏室

選對豆子、香草與香料等食材，成果就會截然不同。

豆類字彙大全

豆子有成千上萬種，若把種籽型錄裡面的原生種算進去就更多了。這份列表絕對沒辦法羅列全部的豆子，但都是很常見的種類。

紅豆（Adzuki/Aduki/Azuki）。原產於亞洲，在當地常被用來製作傳統甜點。這種豆子與綠豆是親戚，口感滑順甜美，帶有堅果風味。

阿納薩奇豆（Anasazi/Cave/New Mexico Appaloosa）。這種原生豆類帶有栗色斑點（和多數豆類一樣，顏色會在烹煮時褪去），原產於西南方，與古老的穴居原住民部落有關。這種豆子口感厚實帶些微甜味，適合拿來製作烤豆料理與西南燉鍋。加分好處：相較於其他豆類，較不會產氣。

花豆（Ayocote）。源自於瓦哈卡（Oaxaca），體積大、表皮較厚、口感扎實。我只在兩個地方看過：墨西哥的市場、加州 Rancho Gordo 商店——主持 Xoxoc 計畫支持墨西哥在地小農。種類包含：黑花豆（Ayocote Negro）、白花豆（Ayocote Blanco）、紫花豆（Ayocote Morado）。

眉豆（Black-Eyed Pea）。非洲豇豆的一種，隨奴隸交易傳至美洲，在美國南方與西非很受歡迎。這種豆子並非豌豆，命名基礎是根據其單側的圓點。眉豆風味特殊，澱粉含量稍多，烹煮時間相對較短，是傳統新年菜餚豆飯、奈及利亞燉豆等菜餚的主食材。

黑龜豆（Black Turtle/Black/Frijole Negro/Mexican Black/Spanish Black/Midnight Black）。原產於美洲，在墨西哥、巴西、古巴、美國西南部等地非常受歡迎，是古巴豆飯（Moros Y Christianos）、巴西燉豆（feijoada）與各式墨西哥料理的主食材。帶有些微大地風味，口感厚實，能將其他食材染成紫黑色，特別是若不泡水直接烹煮，更能保留其顏色與風味。如果你看到黑可可豆（Black Coco Bean），趕快搶購，這種豆子比較大，口感也比黑龜豆厚實。

博羅特豆（Borlotti）。請見蔓越莓豆。

金絲雀豆（Canary/Mayacoba/Peruano/Canario/Peruvian/Mexican Yellow）。原產於祕魯，在當地是主食，會搭配剩餘米飯做成豆飯煎餅（Tacu Tacu）等菜餚。風味溫和，呈奶油般黃色，在墨西哥等地區用於製作豆泥（Frioles Refritos）。

白腰豆（Cannellini/White Kidney/Haricot Blanc）。形狀如腎臟的萬用大型豆子，於義大利廣泛使用。質地滑順扎實，非常適合做成沙拉。表皮薄，有助於吸收風味，但和多數豆類一樣，做成湯品或豆泥也都非常美味。

鷹嘴豆（Chickpea/Garbanzo/Gram）。一種古老的豆類，或許也是食物櫃裡最萬用的豆類。能夠烤成零嘴、做成沙拉亦能維持形狀、打成滑順蓬鬆的豆泥，包含全世界最受歡迎的沾醬——鷹嘴豆泥。廣泛用於義大利、西班牙、葡萄牙、中東、印度、墨西哥與美國料理，是無數傳統與現代湯品、沙拉、素食「雞肉」等菜餚的關鍵食材。嘗試用鷹嘴豆粉（印度市場稱作 Besan）做成煎餅 / 可麗餅（義大利稱作 Farinata；法國稱作 Socca；印度稱作 Pudla）。嘗試用豆水（aquafaba）——鷹嘴豆罐頭內的汁液 / 煮豆水，取代蛋白（頁 18）。眾所皆知煮乾燥鷹嘴豆需要很長的時間，所以要向信譽良好和銷售速度快的商家購買，確保豆子不會太老。除非你確定豆子非常新鮮，不然就要隔夜泡水，試試用壓力鍋烹煮。種類包含：黑鷹嘴豆、吉豆（black gram）、西西里鷹嘴豆（Ceci Siciliani）、家山黧豆（cicerchie）、迪西（Desi）、卡布里（Kabuli，美洲最常見）、印度黃鷹嘴豆（channa dal）。

可可豆（Coco/French Navy）。象牙色，體型較白腎豆小，形狀較圓。口感滑順柔軟，烹調時間短，很適合做成沙拉。大白可可豆（giant white coco）屬於花豆，是不同綱的豆子，較接近大皇帝豆 / 希臘大白豆。

荷包豆（Corona）。近似於希臘大白豆的大型義大利豆類。煮得夠久將會非常滑順，與任何料理都是絕配。

蔓越莓豆（Cranberry/Borlotti/Cacahuate/Roman/Tuscan/Coco Rose）。這種豆子香濃飽滿，口感厚實，在義大利很受歡迎，在當地稱作「博羅特豆」（borlotti），用於製作豆類義大利麵、義大利雜菜湯等菜餚。在墨西哥被稱作「花生豆」（Cacahuate），美國則是「蔓越莓豆」。這種豆子做出來的高湯非常鮮美，我認為應該是最棒的豆子高湯。

黑眼豌豆（Crowder Pea）。如同眉豆，屬於豇豆的一種。因豆子在豆莢（crowd）內擁擠的樣子而得名。滋味豐富，豆質豐滿，能夠燉出深色美味的湯。

蠶豆（Fava/Faba/Broad Bean/Horse Bean）。歐洲最古老的豆類之一，特別受中東料理歡迎。由新鮮豆莢開始處理會有點麻煩，因為每顆豆子都有兩層皮，但許多文化不會刻意去皮。乾燥種類包含：大型褐色蠶豆（需去皮）、去皮豆仁（烹煮快速，會散開，適合做成湯品與沾醬）、小型褐色蠶豆（我的最愛，可做成傳統中東豆蓉）。

笛豆（Flageolet/Chevier/Flageolet De Chevrier）。這種小型淡綠色的豆子，有時被稱作豆類中的魚子醬，其實是未成熟的腰豆。風味細緻滑順，表皮薄，在法國很受喜愛，用於傳統燉鍋、湯品與沙拉。

大白豆（Gigante/Gigande/Giant Lima/Giant Butter/Elephant/Elephante/Yigante/Hija）。一種大型花豆，在地中海地區很受歡迎，特別是希臘。質地絲滑，口感厚實，搭配單純的料理最出色。

美國白豆（Great Northern）。比白腎豆稍大的白色豆類，很受歡迎且非常萬用。帶些微堅果風味與澱粉質地。

鱒魚豆（Jacob's Cattle/Appaloosa/Trout）。美麗飽滿又帶有花紋的豆子，在美國東北部很受歡迎，會做成新英格蘭烤豆，或傳統西南風格的烤豆（Appaloosa）。富含風味，亦能保持形狀。

豇豆（Lady Cream Pea）。一種純白色的豇豆，可以煮出澄清高湯。風味甜美，且名副其實地滑順。

扁豆（Lentil）。最古老的栽培豆類，是印度料理的重要食材，亦被廣泛用於許多歐洲與中東菜餚。主要有四種類型（加上各地區變異種）：

常見的褐／綠扁豆：百搭硬皮扁豆，若想要找能夠煮軟壓碎，又能維持原本形狀，用這款準沒錯。

紅／橘扁豆（Split Lentil/Egyptian Lentil/Massor Dal）：烹調時間短，煮後會塌陷、呈金黃色與易於消化的糊狀，很適合做成豆糊。

法式綠扁豆／勒皮扁豆（Du Puy）：一種小型扁豆，煮熟後依然結實，是醃製冷沙拉的傳統食材。義大利和西班牙有類似的褐色變異種，分別為翁布里亞小扁豆（Castelluccio/Umbrian）與巴迪納小扁豆（Pardina）。

黑扁豆：有間公司將其命名為「大白鱘小扁豆」（Beluga），因為外表像是魚子醬，泡入鹽水可做出類似魚子醬的效果，亦或也可當作法式小扁豆使用。

皇帝豆／利馬豆（Lima/Butter Lentil/Haba Lima/Madagascar Lima/Fagioli Di Spagna/Potato Lima）。以其原產地──秘魯，利馬（Lima）得名。這種大型扁狀豆類，帶些微甜味，質地滑順。種類包含：大白皇帝豆（奶油風味，質地稍微乾軟）、小白皇帝豆（較滑順，帶點果香）、花紋皇帝豆（Christmas/Chestnut，體積大，帶栗子風味與美麗花紋。與多數豆類不同，煮過依然能保留色澤）。

羽扇豆（Lupin/Tremoco）。這種豆子常見以煮熟醃漬裝入玻璃罐的形式販售，這樣是好事，因為生豆含有毒素，處理過程繁瑣。醃漬的豆子可當作好吃的零食，亦是厄瓜多酸醃羽扇豆（Cevichochos）的主食材。

綠豆（Mung Bean/Moong Bean/Green Gram）。小型甜美的綠色豆子，產自亞洲，常用於印度料理，特別是黃色去皮的豆仁（Moong Dal），很快即可煮軟。綠豆的澱粉可以做成麵條。

白腎豆／海軍豆（Navy/Haricot/Boston/Pearl/White Pea/Alubias Chicas）。因過去曾是水手在船上的主食而得名。質地柔軟，澱粉含量稍多，非常萬用。

樹豆（Pigeon Pea/Congo Pea/Gandule/Googoo/Yellow Lentil）。原自非洲的古老豆類，因過去都拿來餵食鴿子（Pigeon）而得名。帶有大地風味，質地鬆軟，在加勒比海地區（米飯和樹豆）、非洲（伊索比亞燉豆）與印度（豆仁做成的豆糊）很受歡迎。

粉紅豆（Pink/Habichuelas Rosada）。這種橢圓形豆子非常滑順，在波多黎各廣受青睞。種類包含：加州粉紅菜豆（Pinquito）──小型薄皮的豆子，顏色介於粉紅色和白色間，原產於加州中部沿海，是烤肉的傳統配料。

斑豆（Pinto）。有些人說，這種帶斑點的粉紅色豆子在美國與部分墨西哥地區很受歡迎。廣泛用於豆泥（frijoles refritos）、墨西哥醉豆（borrachos）、各式墨西哥夾餅、捲餅、湯品、沙拉等。因其口感滑順，風味柔和又萬用。見「原生菜豆」（Rio Zape）。

紅腰豆（Red Kidney/Red/Chili/Rajma）。因形狀得名，呈赭紅色，在印度、拉丁美洲、加勒比海與美國廣受歡迎，特別是在路易斯安那州，在當地會做成紐澳良紅豆飯。這種豆子外觀漂亮，煮熟後扎實但滑順，帶柔和甜味。烹調時加多少香料紅腰豆都能應付。

黃豆（Soybean）。普及全世界的亞洲豆類，乾燥豆子較不受歡迎，反倒是做成醬油、味噌、豆腐、天貝等產品而受到青睞。新鮮的毛豆在 1980 年代開始流行，能夠當作餐前零食，或搭配壽司吧提供的味噌湯享用。

去皮豌豆（Split Pea，黃色 / 綠色）。原產於中東，在摩洛哥、突尼西亞（塔吉鍋，Tagine）與印度（燉豆）很受歡迎。跟紅扁豆一樣，煮熟會完全塌陷。

塔貝白豆（Tarbais）。如果想要很認真看待法式卡酥來砂鍋菜（French cassoulet），用這種大型白豆烹調最適合不過。以法國庇里牛斯省塔布（Tarbes）為名，在當地很受歡迎。風味柔和，質感滑順，能夠保持形狀。

尖葉花豆（Tepary/Terpari/Yori Mui/Pavi）。小型結實，能抵抗沙漠生長，很久以前就由美洲原住民在亞利桑那州等區域種植。適合做成湯品和西南地區的菜餚。

香草

酪梨葉（Avocado Leaf）。墨西哥的廚師，特別是瓦哈卡地區，會將酪梨葉與黑豆燉煮，添加大地風味。

羅勒（Basil）。堅忍不拔的義大利植物，許多義大利麵在上桌前會撒上羅勒。

月桂葉（Bay Leaf）。我覺得是煮生豆子的必備食材。

藍葫蘆巴（Blue Fenugreek）。這種傳統香料用於喬治亞燉腰豆（lobio）等喬治亞料理。

香菜（Cilantro）。許多墨西哥和印度料理，最後都會加入鮮綠的香菜。不喜歡的人，可用香芹 / 薄荷代替。

蒔蘿（Dill）。製作希臘豆類料理的必備食材。

土荊芥（Epazote）。墨西哥香料，一般認為有助於消化。

薄荷（Mint）。我很喜歡用來平衡辣味。

乾燥奧勒岡（Oregano, Dried）。另一種很適合和乾燥豆子一起煮的香料。

香芹（Parsley）。義大利和中東地區的最愛，如同香菜、薄荷、蒔蘿與羅勒，在烹飪完畢後撒上。

迷迭香（Rosemary）。強壯的香草，替地中海菜餚增添松樹香氣。

辛香料

阿勒坡辣椒（Aleppo Pepper）。帶有辣味和果香，非常適合中東菜餚，可用一點碎紅椒片取代。

安丘辣椒粉（Ancho Chile Powder）。比起超市含有其他食材的辣椒粉，我比較喜歡純安丘辣椒粉。

阿魏（Asafoetida/Hing/Heeng）。這種印度香料聞起來較刺激，但吃起來卻不會，據說有助於消化豆子。

柏柏爾（Berbere）。這種伊索比亞香料配方，能夠添加風味的豐富度。

荳蔻（Cardamom）。我很喜歡的辛香料之一，香氣迷人，不論加入什麼菜餚，都能營造神秘的風味。小心，一點點味道就很強烈了。

卡宴辣椒（Cayenne Pepper）。如果要辣到喉嚨的話，就用這種辛香料吧。

奇波雷辣椒粉（Chipotle Chile, Ground）。我很喜歡的香料，同時帶有煙燻風味和辣味。

肉桂（Cinnamon）。這種溫暖的辛香料，意外地適合豆類，特別是斑豆和黑豆。

香菜籽（Coriander）。香菜的乾燥種籽，在印度廣泛使用。

孜然（Cumin）。很難想像豆子不加孜然，特別是墨西哥和印度豆類料理，當然其他地區也會添加孜然。

印度混合辛香料（Garam Masala）。這種美妙萬用的印度辛香料配方，每家廠商和廚師的配方都不同，能替料理添加溫暖的層次。

喀什米爾辣椒（Kashmiri Chile）。當我想替印度料理增添辣味，就會選擇它。

馬德拉斯咖哩（Madras Curry Powder）。世界上沒有咖哩香料這種東西，因為咖哩的配方迥異，但我最喜歡這種。

鹽（Salt）。我最喜歡且每天使用的萬用鹽就是 Redmond Real Salt 的猶太鹽。其顆粒較大，很容易用手拿取，風味也乾淨。

西班牙煙燻紅椒粉（Spanish Smoked Paprika）。若沒有西班牙煙燻紅椒粉，我該怎麼辦？我用於增添風味的深度，當然還有替許多菜餚添加煙燻風味，但對於豆類料理而言，是獨一無二的辛香料。

鹽膚木（Sumac）。這種帶有酸味的辛香料是中東料理的必備食材，但也能替任何菜餚帶入一股檸檬酸勁。

薑黃（Turmeric）。這款阿育費陀的超級食物能夠增添顏色，並帶來一點悶悶的大地風味。

中東綜合香料（Za'atar）。中東有多少家庭，就有多少種配方，但我全部都喜歡。

其他食材與產品資訊

黑蒜（Black Garlic）。這種發酵大蒜風味甜美，帶有甘草香氣。

罐頭番茄（Canned Tomatoes）。我一直都很喜歡 Muir Glen 出產的罐頭番茄，特別是烤過的，味道更濃縮，帶點煙燻風味。

巧克力（Chocolate）。以前很難找到品質卓越的無乳製品巧克力，但現在情形不同了。Theo 出產美味的素食黑巧克力棒。

椰奶和椰漿（Coconut Milk And Coconut Cream）。若要替蔬食增添鮮奶油般的口感，這兩種食材就是必備之物，我最喜歡 Native Forest 這個品牌。

昆布（Kombu）。這種乾燥海帶能替豆子添加礦物質和消化酵素。

液態胺基酸（Liquid Aminos）。Bragg 從嬉皮時代開始，就一直是素食餐飲的必要品牌，能夠添加鮮味（還有營養），鈉含量比醬油還少。我也喜歡 Coconut Secret 這個牌子帶點甜味的椰子胺基酸。

墨西哥玉米粉（Masa Harina）。可以做成玉米餅、厚玉米餅與湯餃等。我喜歡 Bob's Red Mill 這個品牌，勝過於常見的 Maseca。

味噌（Miso）。種類眾多，能夠增添鮮味。

醃檸檬（Preserved Lemon）。帶有鹹味與明亮的酸勁，發酵風味稍有層次。製作鷹嘴豆泥時，我非常喜歡用來取代一般檸檬。市面上有品質優良的醃檸檬，但自製也不難。

莎莎醬（Salsa）。如果我沒有自己做，就會購買 Frontera 的莎莎醬，由芝加哥大廚瑞克．貝利斯（Rick Bayless）的幕後團隊製作。

芝麻醬（Tahini）。我最喜歡的品牌是從以色列進口的 Wicked Sesame，很美味，重要的是用可以擠的瓶子裝。 我也喜歡費城生產的 Soom，還有另外兩個以色列品牌，分別是 Al Arz 和 Karawan。

素食奶油（Vegan Butter）。若想要原味，我會選 Earth Balance；要是想來點有趣的風味（例如直接搭配麵包享用），我會選 Miyoko 的歐式發酵素食奶油，帶有完美的刺激香氣，也是我吃過最好吃的植物性奶油。

素食費達起司（Vegan Feta）。當我沒有時間做香料豆腐費達起司（頁 217），就會買 Violife 的素食費達起司，原料是椰子油。顏色讓我想起好萊塢明星過度漂白的牙齒，但習慣之後，絕對會愛上。

素食瑞可塔乳酪、奶油乳酪、義大利餃（Vegan Ricotta, Cream Cheese, And Ravioli）。我喜歡 Kite Flill 的這三種產品，和 Miyoko 的奶油乳酪。

供應商

豆子

Baer's Best

具有二十五年歷史的農場，種植原生種和特種豆類，特別是馬法克菜豆（Marfax）、佛蒙特蔓越莓豆（Vermont Cranberry）、波士頓羅馬豆（Boston Roman）等東北部喜愛的種類。

baersbest.com

Bob's Red Mill

穀物種類眾多而知名（特別是無麩質種類），這家太平洋西北地區的公司也販售多種豆類。

bobsredmill.com

Camellia

位於路易斯安那州，販售高品質豆類，包括在紐澳良很受歡迎的紅豆、南方喜愛的黑眼豌豆、豇豆與豌豆。

camelliabrand.com

Goya

這家大型拉丁美洲食品專賣店，大概是能夠找到乾燥豆子最主流的超市。

goya.com

Gustiamo

進口品質優良的義大利豆子，包括稀少的家山黧豆（野生鷹嘴豆）與小扁豆。

Kalustyan's

公司位於紐約，起初賣的是印度商品，但早已開始販賣豆類和其他地區的食品，仍以印度和中東地區佔多數。可以找到小鷹豆，最適合帶皮慢煮，做成傳統豆蓉。

foodsofnations.com

La Tienda

進口頂級西班牙食品，包括製作阿斯圖里亞斯（Asturias）燉豆（fabada）的豆子、頂級鷹嘴豆等。

Iatienda.com

Masienda

這家公司與傳統墨西哥農夫合作，種植玉米，做成玉米粉販售，也販賣玉米餅和黑豆。

masienda.com

Native Seeds/SEARCH

這個非營利組織主要販賣傳統墨西哥北部和美國西南部的作物，包括來自 Rancho Gordo 等供應商的產品。

nativeseeds.org

Patel Brothers

這個印度連鎖商店販售各式產品，包括許多種類豆糊、豆子與辛香料。

patelbros.com

Rancho Gordo

販售美麗原生豆的頂級供應商，豆齡一定低於兩年，往往不滿一年。

ranchogordo.com

Timeless Natural Food

種植有機原生扁豆和其他豆類，位於蒙大拿。

timelessfood.com

Zursun Idaho Heirloom Beans

與愛達荷斯內克河峽谷（Idaho's Snake River Canyon）區的三百個小農戶合作。

zursunbeans.com

辛香料

Bazaar Spices

有許多來自世界各地的香料和配方。

bazaarspices.com

Gryffon Ridge

位於緬因州的有機辛香料商家。

gryffonridge.com

La Boîte

位於紐約的辛香料專家，大廚的愛店。

laboiteny.com

Penzeys

位於威斯康辛州，販售香料和香料配方，全美國都有據點。

penzeys.com

在地供應商

家樂福

眾多罐頭、乾燥、冷凍、新鮮種類的豆類，包含在地與海外進口品牌。

白豆、鷹嘴豆、紅豆、紅腰豆、扁豆、綠豆、奶油豆、毛豆、黑豆、蠶豆、四季豆等。

https://www.carrefour.com.tw

DR.OKO 德逸有機生活館

成立於 1983 年的德國有機食品公司，販售各式有機食品，全台有多個實體通路。

斑豆、豌豆、各色扁豆、鷹嘴豆、黃豆、紅豆、黑豆等。

https://www.droko.com

歐陸食材小舖

各式歐洲進口調味品、香料、乾燥/罐裝豆類食材。

葫蘆巴、凱莉茴香籽、印度綜合香料、法國綠扁豆、鷹嘴豆、奶油豆、紅腰豆、黑豆等。

https://www.theeupantry.com

永利百崴食品行 / 五色本物

傳承三代經營的迪化街老店，專賣南北乾貨、五穀雜糧、堅果種籽等食材。

紅豆、大白豆、綠豆仁、扁豆、眉豆、黑豆、花豆等。

地址：台北市迪化街一段 143 號

臉書：https://www.facebook.com/yongli2553

西川米店

40 年老米店，專賣乾燥穀物與豆類等安心食材。

紅扁豆、紅豆、花豆、紅藜麥、綠豆仁、黑豆、黃豆。

https://www.cichuan118.com.tw

其他線上通路

博客來、蝦皮、露天、momo 購物網、PChome。

壓力鍋烹調時間表

乾豆與莢果種類	乾豆烹飪時間（分鐘）	浸泡後烹飪時間（分鐘）
紅豆	20-25	10-15
阿納薩奇豆	20-25	10-15
黑豆	20-25	10-15
眉豆	20-25	10-15
白腰豆	35-40	20-25
鷹嘴豆	35-40	20-25
樹豆	20-25	15-20
美國白豆	25-30	20-25
紅腰豆	25-30	20-25
白腰豆	35-40	20-25
法國綠扁豆	15-20	不適用
迷你綠 / 褐扁豆	15-20	不適用
紅扁豆仁	15-18	不適用
黃扁豆仁	15-18	不適用
皇帝豆	20-25	10-15
白腎豆	25-30	20-25
豌豆	15-20	10-15
斑豆	25-30	20-25
紅花菜豆	20-25	10-15
黃豆	25-30	20-25

直火加熱烹調時間表

乾豆與莢果種類	烹飪時間
黑豆	1-1½ 小時
眉豆（未浸泡）	1-1½ 小時
鷹嘴豆	1-1½ 小時
黑眼豌豆	40 分鐘
碗豆	2 小時
美國白豆	1-1½ 小時
紅腰豆	1-1½ 小時
豇豆	30 分鐘
扁豆（未浸泡）	35–45 分鐘
小皇帝豆	1 小時
大皇帝豆	45 分鐘 -1 小時
白腎豆	1-1½ 小時
粉紅豆	1-1½ 小時
斑豆	1-1½ 小時
綠色 / 黃色去皮豌豆（未浸泡）	35-45 分鐘

參考資料

Albala, Ken. *Beans: A History*. New York: Bloomsbury, 2007.

Bakunina, I. Y., Nedashkovskaya, O. I., Kim, S. B., et al. "Diversity of glycosidase activities in the bacteria of the phylum Bacteroidetes isolated from marine algae." *Microbiology* 81 (2012): 688. https://doi.org/10.1134/S0026261712060033

Carlisle, Liz. *Lentil Underground: Renegade Farmers and the Future of Food in America*. New York: Gotham Books, 2015.

Chandler, Jenny. *The Better Bean Cookbook*. New York: Sterling Epicure, 2014.

Dragonwagon, Crescent. Bean by *Bean: A Cookbook*. New York: Workman Publishing, 2011.

Food and Agriculture Organization of the United Nations. *Pulses: Nutritious Seeds for a Sustainable Future*. fao.org/pulses-2016.

Green, Aliza. *Beans: More than 200 Delicious, Wholesome Recipes from Around the World*. Philadelphia: Running Press, 2004.

Jood, S., Mehta, U., Singh, R., Bhat, C. "Effect of processing on flatus-producing factors in legumes." *Journal of Agriculture and Food Chemistry* 33, no. 2 (1985): 268-271.

Khattab, R. Y. and Arntfield, S. D. "Nutritional quality of legume seeds as affected by some physical treatments." *LWT: Food Science and Technology* 42, no. 6 (July 2009): 1113-1118.

Winham, Donna M. and Hutchins, Andrea M. "Perceptions of flatulence from bean consumption among adults in 3 feeding studies." *Nutrition Journal* 10 (2011): 128. https://nutritionj.biomedcentral.com/track/pdf/10.1186/1475-2891-10-128

致謝辭

一顆豆子無法做出一道菜，單獨一人也無法完成這本書。這個計畫在我心中醞釀快五年，需要很多協助才能夠完成。

我要感謝：

食譜測試專家 Kristen Hartake，提供寶貴的見解與有用的看法。

視覺夢幻團隊攝影師 Aubrie Pick、天才食物造型師 Lillian Kang、助理 Bessma Khalaf、Veronica Laramie。感謝他們讓我一週的工作都很美好，實現我的想像，照出我看過最美麗的豆類影像，還抽出時間在蠶豆、大白豆、大皇帝豆上幫我畫小小的畫像。

Ten Speed Press 巨星級專家團隊包含非凡的編輯 Kelly Snowden、藝術總監 Betsy Stromberg、設計師 Lisa Bieser、製作編輯 Kim Keller、文字編輯 Dolores York、校稿師 Kathy Brock、製作經理 Serena Sigona。你們讓我看起來很好，希望有一天能夠報答你們的恩情。

我的經紀人，無與倫比的 David Black，感謝他維護我的利益，讓我在許多對話中，大談豆子經，也感謝他從未漏接我的電話。

我的姐姐 Rebekah，第一位教我煮豆子的人（教我用昆布等等），她在廚房裡的好用訣竅，我一定會按部就班操作。

我的姊夫 Peter，忍受我在緬因州的宅第工作一年，跟我分享相異看法，多到跟豆類變異種一樣。

專案管理 Sheri Codiana，讓我能夠擺脫拖延的枷鎖與恐懼，專注於這種專案中我最愛的部分：烹調、寫作，而不用組織事務。

Tess Masters 和 Kitty Greenwald 在我需要幫助的時候，提供我最好的建議。

Kat Kinsman 很有同理心和力量，常常關心我的心情。你真的是上天給我的禮物。

還要感謝聽我紓解焦慮和執著的朋友：Jamie Bennett、Carol Blymire、Maddy Beckwith、Bill Addison、Devra First、Edouard Fontenot、Christopher Bellonci、Allan Kesten、Tanya Voss、Swati Sharma、Nancy Flopkins、Sally Swift、Lauren Rosenfeld、Kathy Gunst、Penny de los Santos、Laura Gutzwiller、Rachel Alabiso、Von Diaz、等族繁不及備載。

感謝我在《華盛頓郵報》的同事（Liz Seymour、Mitch Rubin、Matt Brooks、Bonnie S. Benwick、Maura Judkis、Becky Krystal、Tim

Carman、Tom Sietsema 等人）。除了超忙的正職工作以外，我還要寫一本書，感謝你們的諒解。

我的兄弟姊妹 Teri 和 Michael，感謝你們用對食物的熱愛，讓我打起精神。

我的媽媽 Dolores Jones，感謝妳在我八歲時便帶著我逛雜貨店替家裡採買日用品，我分分秒秒都很喜歡，單是與妳相處就很享受了。

所有的大廚、餐廳老闆、家庭廚師、作家同事，感謝你們提供時間、食譜、建議，有時候還提供意外的靈感，幫助我在廚房中創作以豆類為主的料理：Michael Solomonov、Rich Landau、Kate Jacoby、Maria Speck、Eduardo Garcia、Ran Nussbacher、Pati Jinich、Ozoz Sokoh、Tunde Wey、Jose Andres、Priya Ammu、Dan Buettner、Aglaia Kremezi、Ron Pickarski、Sandra Gutierrez、Ana Sortun、Naomi Duguid、Lina Wallentinson、Cathy Barrow、Mike Friedman、Brad Deboy、David Lebovitz、Ashok Bajaj、Vikram Sunderam、Michael Costa、Amy Chaplin、Ani Kandelaki、Gerald Addison、Rose Previte、Katy Beskow、Gena Hamshaw、Dina Daniel、Elmer Ramos、Oyin Akinkugbe、Udai Soni、Neha Soni、Sara Franklin、the late Edna Lewis、Annisa Helou、Emily and Alon Shaya、John Delpha、Brian van Etten、Valerie Erwin、Kara and Tami Elder、Deb Perelman、Lisa Fain、Roberto Martin、Brooks Fleadley、Lenny Russo、Christopher Kimball、Nick Stefanelli、Michelle Fuerst、Judy Witts Francini、Shirley Caesar、Polina Chesnakova、Tal Ronnen、Imani Muhhamad、the late Julia Child、Isa Chandra Moskowitz、Fran Costigan、Dennis Friedman、Dana Schultz、Robert Simonson、Samin Nosrat、Padma Lakshmi、Yotam Ottolenghi、Nik Sharma、Osayi Endolyn、Nick Wiseman、Ronen Tenne、Christian Irabien、Alton Brown、Paige Lombardi、Gabriel Frasca、Amanda Lydon、J. Kenji Lopez-Alt、Dorie Greenspan、Ann Mah 等人。

感謝 Ken Albala 和 Crescent Dragonwagon 寫出非常棒的書，替我的專案鋪路，讓我查證，參考不同的看法，有時候還會引用內容。

Steve Sando，感謝你替豆類宣傳。就這樣。

最後且最重要的，就是我的丈夫 Carl，感謝他在一年內吃入多到無法想像的豆子，而且還不怎麼抱怨，也謝謝他說了很多音樂果的笑話。

索引

E

F

G

H

I

J

K

L

M

N

O

P

Q

R

S

T

V

W

Y

Z